# 游戏地图

应申 侯思远 李玉等 著

科学出版社

北京

# 内 容 简 介

本书主要以游戏地图为探讨对象，以游戏地图的维度、交互性、叙事探索性和文化传播性来探究虚拟空间的特点、本质及对现实物理世界的启示，发掘其对地图理论的扩展，从而完善 ICT 时代地图学的知识和理论，促进地图学的发展。全书共八章，按照游戏地图的背景、游戏地图定义、游戏地图的表现形式和类别、游戏地图的虚与实、游戏地图的时空观、游戏地图的空间导航和引路、游戏地图的叙事分析、游戏地图的文化传播功能的先后顺序来构建全书框架。

本书既可以作为地理信息科学、城市规划、计算机科学等专业教学参考书，也可以供相关从业人员参考。

图书在版编目（CIP）数据

游戏地图/应申等著. —北京：科学出版社，2024.6
ISBN 978-7-03-077560-3

Ⅰ. ①游…　Ⅱ. ①应…　Ⅲ. ①游戏程序–地图编绘–程序设计
Ⅳ. ①TP317.6

中国国家版本馆 CIP 数据核字（2024）第 013763 号

责任编辑：杨帅英 / 责任校对：郝甜甜
责任印制：徐晓晨 / 封面设计：图阅社

**科学出版社**出版
北京东黄城根北街 16 号
邮政编码：100717
http://www.sciencep.com
北京建宏印刷有限公司印刷
科学出版社发行　各地新华书店经销
＊
2024 年 6 月第 一 版　开本：787×1092 1/16
2024 年 6 月第一次印刷　印张：15 1/2
字数：368 000
**定价：150.00 元**
（如有印装质量问题，我社负责调换）

# 《游戏地图》作者名单

应　申　　侯思远　　李　玉

徐雅洁　　漆　璇　　王端睿

詹添棋　　冯　震

# 序　一

地图学是个古老又有活力的科学。在地图学发展的历史长河中，地图文明同人类文明一样，正是在"变"与"不变"的对立统一中不断前进的。地图学通过"时间效应"和"空间效应"的双重作用，在时间的坐标上，一次又一次地发生形态嬗变；在空间的坐标上，一次又一次地扩展地域的范围，由局部到全球。如今，地图学已经成为跨越时间和空间、跨越自然和人文、跨越技术和工程的科学。随着计算机网络技术、通信技术、大数据技术以及人工智能的快速发展，地图学进入了一个大变化、大融合的时代，这对于新时代背景下的地图学研究来说既是机遇又是挑战。新的时代背景下，地图学发展应开辟新的研究领域，构建新的理论框架，挖掘潜在的应用场景，形成新的技术体系。

地图是表达复杂世界的最伟大的创新思维，而游戏地图正是表达人类探索世界、实现自我提升的一种途径。将游戏地图概念引入地图学也为未来地图学探索了新的发展方向，与我们倡导的利用创新思维改变地图学的想法不谋而合。一方面，游戏作为元宇宙最重要的呈现形式之一，其体验主要建立在与一张或多张地图的交互上。这种交互性使得地图不再局限于静态的信息可视化，而成了一个动态的结构。从这个角度看，游戏地图打破了传统地图在动态表达上的局限性，为地图从静态到动态的可视化发展提供了驱动力。另一方面，游戏地图也是虚拟与现实结合的媒介，存在于虚拟空间的游戏地图是现实世界的缩影与重构，与现实世界有千丝万缕的联系。

《游戏地图》依托新时代地图学理念，介绍了地图与游戏地图之间的关联。在此基础上，以游戏地图为主体，介绍游戏地图的概念、表现形式、功能等，并探讨游戏地图中的虚实结合以及玩家参与性带来的虚实共生，这与当今地图学逐渐向智能化、多元化和虚拟化发展相呼应。该书还深入剖析游戏冲击下的时空观，特别是时间的流速和变化，包括时间的可停滞、可重来、可穿越、可叠加特征，以及空间的嵌套性、既不连续也不离散、可传送或可跳跃等特征，这正反映当今地图学已经成为跨越时间和空间的科学。同时该书对游戏地图的功能进行详细介绍，不仅从地理空间认知的角度探讨游戏地图导航与引路对现代地图导航的启示，还论述游戏地图给叙事地图带来的新框架以及游戏地图中蕴含的传统文化魅力，这些为大变化时代的地图学提供了新思维。

王家耀

2024 年 5 月

# 序　二

地图学科的发展史是人类文明的进步史。每一次科学技术的革新，都赋予了这门学科新的活力，使它历久常新。传统地图学是研究地理对象和社会经济活动等的空间分布及运动规律和关系特征的技术科学，其基础背景是地理空间和人文社会空间组合而成的二元空间。通信技术的发展打破了传统地图的制图范式，使地图从以一定数学基础为依托精细式刻画的二元空间发展为以多层级、多维度、多类型可视化手段表达包括信息空间在内的三元空间。三元空间的交互也为地图的发展开拓了新空间。传统地图受限于科学技术，大多仅能以平面静态方式进行空间对象表达，而技术的进步推动现代制图技术支撑更丰富多元的地图表达。从传统地图到信息时代地图的过渡表明，地图学是一门在历史条件限定下不断成长的科学，技术的进步以及新需求的牵引促进了地图表达对象、表现形式、感知通道、用户角色的重大转变，地图学的经典理论框架亟待拓展，以适应新时期地图的发展需求。在新技术与新需求的双重牵引下，涌现了一大批区别于传统地图的新兴地图类型，如隐喻地图、游戏地图、虚拟现实地图等。

古老的地图学在信息时代正焕发出勃勃生机，在各类新兴地图类型中，游戏地图由于其强交互性、可变性空间以及对真实地理环境和虚拟对象的无缝融合和集成表达，展现出独特的魅力，成为泛地图家族中独特的一员。作为虚实结合地图的代表，游戏地图能够对地理、人文和信息构成的三元空间进行更有效率的综合表达。在游戏地图的载体上，信息的表达实现了质的突破。一方面，游戏地图不仅突破了用户角色，使地图的服务对象从"人"拓展到"物"，还实现了跨越虚实边界的四角交互，人机物融合在一定程度上已经成为现实。另一方面，游戏地图突破了经典理论框架的限制，地图的制作范式从统一转向泛化，这表现在：传统地图可以实现地理对象空间位置、空间关系乃至形态轮廓等的准确表达，但游戏地图不再强调对地理空间位置的准确描述，转而围绕地图主题，通过变形、规则化、虚拟化等方法，示意性表达空间对象的位置分布、拓扑关系、虚拟关系。

《游戏地图》以游戏为代表的虚拟空间实例为研究对象，从游戏地图的维度，解读游戏地图的虚实融合、虚实共生，剖析游戏地图的时空观，确定游戏地图的表达模式，分析游戏地图的功能，扩展叙事地图框架，构建游戏地图的系统理论方法，是泛地图学研究的一个新视角、新立面，新分支。相信该书的出版会为繁荣现代地图学研究起到积极的启发和示范作用。

郭仁忠

2024 年 5 月

# 前　言

　　地图作为改变世界的十大地理思想之一，是人类文明史上的伟大创想。正如丹尼斯·伍德在《地图的力量》一书中所描述"地图使过去与未来得以呈现在我们面前，它使我们的生活成为可能"。在地图发展的历史长河中，随着人类文明不断进步、社会逐渐稳定以及生产力快速发展，地图的表达精度、表达内容的客观性和表达范围等不断提升。然而，受限于技术手段，传统地图仅能以静态的方式将空间对象刻画在有限的图幅范围内，缺乏对空间对象的动态表达。通信技术的发展，使得地图的对象空间从二元空间（地理空间和社会人文空间）扩展到三元空间（地理空间、社会人文空间和信息空间）。

　　信息空间的出现，打破了传统地图表达的局限性，不仅实现了信息的自由叠加，而且增加了地图对立体、多元信息（包括时态信息）和多维数据的可视化表达。因此，地图的呈现方式逐渐从传统的严肃、专业、规范的形式转变为更凸显数字化、智能化、多元化和虚拟化等方向发展。然而，新时代地图的形式和标准却仍没有一个定式：对新的地图学问题（如静态地图到动态地图可视化发展）缺乏科学性、统一性的专业诠释，对新的需求（如三维可视化）没有重要的理论支撑，对新的方法（如类地图、微地图）没有地图学同化，即外力强劲，内力不足。此时迫切需要对更多领域进行探索，寻求出路。而在现代电子地图中，还有一种正处于时代的浪潮却几乎是超脱于地图学这个领域之外的地图，那就是游戏地图。

　　随着现代游戏发展的如火如荼，游戏地图已经发展得自成体系了，只是缺乏理论性的支撑和分析。游戏地图蕴含众多现代化、时代化的元素，风格多样、内容丰富、功能齐全，加之其场景设计、交互性、维度、物理空间的转变、虚拟现实技术等可视化方面的应用，更是走在社会的前沿，而这些正是现代地图发展所遇到的问题。因此，另辟蹊径从游戏地图的角度找寻现代地图发展的趋势或许是一个突破口。

　　现实影响虚拟，虚拟映照现实，游戏地图作为虚拟产品的一个重要组成部分，不仅更贴近我们的生活，而且具有明显的地理意义。地图从单纯的可视化结果展示向动态地图（地图在时间维的可视化）和虚拟现实场景地图（地图对现实环境的仿真显示）的方向发展；而动态地图技术与虚拟现实技术在游戏中早已实现。与传统地图相比，游戏地图本身的虚拟性使得游戏地图的真实性、科学性、严谨性、分析性较弱，但个性化、创新化、交互性则独树一帜，尤其在导航、模拟方面对地图有着很强的借鉴价值。

在游戏地图中，时间性、空间性和社会性组成了游戏地图的框架，交互性是连接玩家与游戏地图的桥梁，叙事探索性负责串联不同场景的游戏地图和引导玩家认知游戏地图，文化传播性赋予了游戏地图价值。游戏地图要实现的不仅仅是在 3D 中模拟现实世界，而且是希望实现在 4D 环境中完成对现实世界的复制，模糊真实与合成之间的界限，使人们真正有种身临其境的感觉。在游戏地图的载体上，实现了跨越虚实边界的四角交互，人（玩家）、机（信息世界）、物（计算机及交互设备）融合在一定程度上已经成为现实，连同时间、空间等自然物理特征及社会人文三元空间融合在一起，具有社会虚拟化、情境模拟化、反馈智能化的特征。

本书主要以游戏地图为探讨对象，以游戏地图的维度、交互性、叙事探索性和文化传播性来探究虚拟空间的特点、本质及对现实物理世界的启示，发掘其对地图理论的扩展，从而完善 ICT 时代地图学的知识和理论，促进地图学的发展。全书共八章，按照游戏地图的背景、游戏地图的定义、游戏地图的表现形式和类别、游戏地图的虚与实、游戏地图的时空观、游戏地图的空间导航和引路、游戏地图的叙事分析、游戏地图的文化传播功能的先后顺序来构建全书框架。第 1 章"游戏地图的背景"分别介绍了地图学、电子游戏以及游戏地图的发展情况以及游戏地图地理研究及发展趋势，由应申、李玉、侯思远撰写；第 2 章"游戏地图的定义"给出了游戏地图的定义，并对游戏地图的结构和特点进行了剖析，由侯思远、李玉、应申撰写；第 3 章"游戏地图的表现形式和类别"根据游戏中地图的展现形式，对游戏地图的表现形式和类别进行分类介绍，并探讨了游戏地图的地理空间建模与可视化，由詹添棋、侯思远、李玉、冯震撰写；第 4 章"游戏地图的虚与实"结合游戏地图的要素（地点、时间、人物、事物、事件、现象和场景），剖析它们的虚实表现，深入探究虚拟世界的构建与现实的映射关系及虚实互通之处，确定虚拟世界反馈于现实世界的影响，由应申、侯思远撰写；第 5 章"游戏地图的时空观"基于游戏地图的维度讨论了游戏地图的时间观与空间观，并在此基础上讨论了游戏地图中蕴含的人生观，由侯思远、王端睿、李玉撰写；第 6 章"游戏地图的空间导航和引路"以经典导航认知理论为基础，发现当代导航遇到的困境，并重点分析了游戏地图中的导航引路模式以及游戏导航对现实的启示，由侯思远、应申、李玉撰写；第 7 章"游戏地图的叙事分析"从游戏地图的叙事角度出发，围绕游戏地图的叙事要素、叙事结构以及叙事场景，探讨了 ICT 时代背景下游戏地图的叙事特征，旨在为大数据时空下游戏地图的应用和实践提供理论基础，由徐雅洁、李玉、应申撰写；第 8 章"游戏地图的文化传播功能"讨论了游戏地图的文化传播功能，包括游戏地图是如何实现从娱乐到文化传播的变身、游戏地图如何为特定文化、历史和地理背景的呈现和再现提供平台、游戏地图如何创造教育价值和文化熏陶等，由李玉、漆璇、侯思远撰写，全书由应申统稿。

　　本书是作者多年从事地图学理论和游戏地图研究的成果，既可以供地理信息科学、地图制图、地理科学、城市规划、计算机科学等专业教学参考，也可以供相关从业人员参考。本书在出版过程中得到了王家耀院士与郭仁忠院士等众多学者的支持，在此致以诚挚的感谢。我们衷心欢迎和期待读者提出批评和建议。

# 目　　录

# 第 1 章　游戏地图的背景

信息通信技术（information and communications technology，ICT）等的发展使现代地图面临着机遇和挑战。地图趋向数字虚拟空间方向发展，地图学的研究方法、主题与传统地图学大相径庭，地图虚拟空间的理论还有很大的发展空间。同时互联网技术（internet technology，IT）领域的学科跨界迫使地图逐渐发展成为互联网产品的附属物，内忧外患的双重夹击使得地图学亟待完善和更新理论。地图学发展的难题促使学者向其他领域（如游戏）进行探索。计算机游戏通常具有明显的地理意义，"数字+文化"的发展将游戏推向高新技术的前列，游戏地图则是现代 ICT 技术和地图的合体。本章将深入探讨游戏地图的背景，其作为游戏系统中重要组成部分的作用。我们将从地理意义的角度审视游戏地图如何在虚拟空间中融合真实与虚构，以及如何成为游戏中各种资源的载体。通过以游戏为代表的虚拟空间实例，我们将扩展地图学的理论，突显游戏地图作为泛地图学领域一个着力点和重点的重要性。在这一章中，我们将探讨游戏地图的演变历程和其在游戏系统中的关键模块地位，以及对地理理论的贡献，为读者揭示游戏地图的引人入胜之处。

## 1.1　地图学的发展

"地图罗四渎，天文载五潢"，地图作为一种工具已经存在很长时间了。从原始部落时代利用堆放的石头简单地表示某个地方，到公元前 6 世纪泥板上的巴比伦世界地图，再到大航海时代使用羊皮纸绘制的加泰罗尼亚地图集，一直到现代的纸质地图和电子地图，地图覆盖的范围越来越广泛，表达方式也逐渐变得更加精确。地图是我们了解地区的一种方式，同时也是我们认知地球的途径。我们制作地图，一方面是为了寻找方向和道路，另一方面是为了探索我们所处的世界的模样。

地图作为认知、重构和管理世界的重要工具（王家耀和成毅，2015），具有简易、高效、直观传输信息的能力，且对人类的生存和发展具有极其重要的作用。随着信息通信技术的快速发展，地图学发展的技术背景和条件发生了彻底的改变。尽管导航电子地图产业自 20 世纪八九十年代以来经历了爆发式增长，但随着用户对地图的需求日益增加，电子地图亟须寻找新的发展方向。

2021 年发布的"地图学兰州共识"中指出："新的时代背景下，地图学发展应顺应数字化、网络化、智能化的发展趋势，响应潜在的社会需求，秉持前瞻、包容、拓展和泛化理念，从理论、方法、应用和智能等多维度开辟新的研究领域，构建新的理论框架，挖掘潜在的应用场景，形成新的技术体系"。一切都在表明：传统的地图已经难以满足人们日益增长的美好生活需要，地图的概念不断扩展与延伸，形成了"泛地图"的概念（郭仁忠和应申，2017）。

传统地图学表达内容以自然地理要素和人文社会要素为主，核心是对现实地理世界中地理现象的空间分布和空间相互作用等规律进行抽象和描绘，此阶段的地图多采用纸质媒介。计算机的出现逐渐改变了地图表示世界的方式。正如 James Bailey 所设想的："首先，我们重塑我们的计算机，然后我们的计算机重塑了我们"（Bailey，1992）。在地理信息系统、数字摄影测量、激光雷达等高新数字技术和计算机的促进下，地图打破纸质物理空间的传统束缚，实现了信息空间的数字自由（郭仁忠和应申，2017）。地图的角色也随着时代的变化发生转变：由描绘地理人文的抽象图形转变为一个空间展示的符号模型，由自然社会要素的言语表达转变为一个空间信息的载体，由一个信息的传递平台转变为一个通向互联网、车联网等信息空间的通道。但无论从哪个角度来说，地图都不仅仅是一张二维图纸，而是一个包含人与社会因素、时空信息、空间分异及演化过程还有彼此相互作用关系的场景空间（闾国年等，2018）。基于计算机构建的场景空间，地图学产生了一个全新的维度——数字/虚拟地理信息空间（Berry，1997）。

数字/虚拟地理信息空间的核心思想是用数字化手段整体性地解决地球问题，并最大限度地利用信息资源，从数字化、数据建模、系统仿真、决策支持一直到虚拟现实。Michael Batty 曾提到地理学家只是将计算机当作大型计算器，而不是将其用作构想和丰富地理理论的新媒介（Batty，1997a）。20 年来，这种观念仍根深蒂固。早期计算机被从业人员作为一种处理工具和存储成果的中间场所。随着地理信息系统（geographic information system，GIS）的发展，地图在数字化时代逐渐形成一套新的体系。在互联网的冲击下，GIS 成为一种其他学科所利用的工具，地图专业人士趋向跨学科发展，地图处境更为"尴尬"——成为众多互联网行业所必需但基础的存在，地图业内由于担忧地图沦为互联网附属品，对虚拟空间的接纳和认知不够全面准确；地图角色的转变更促进了行业的恐慌。但虚拟空间/世界同样具有自己的位置和空间感——它们自己的地理环境。虚拟世界的"地理位置"的含义可能是对于整块屏幕的位置而言，但更可能是与现实世界的"地理位置"含义相关联的（Batty，1997a）。信息通信技术的发展打破了地理信息转换和映射的传统模式。如图 1-1 所示，地图业内利用计算机可视化现实地理世界，即利用计算机媒介实现现实地理世界到虚拟信息世界的映射。然而，准确的信息映射应是通过计算机媒介构建基于现实世界、以"人"为主体的、可计算的虚拟世界，以表征物质社会本身的结构和地理世界（Batty，1997b）。将现实地理世界构建为虚拟地理世界，在虚拟世界进行各方面的探索实验，便可对现实世界起到先导和启示作用。虚拟世界与现实世界之间形成双向影响，推动世界向前发展，即是丹尼斯·伍德所说的重构世界（Wood and Fels，1992）。从某种意义上来讲，数字/虚拟地理信息空间是地图走向新生的突破口（Turkle，1995）。

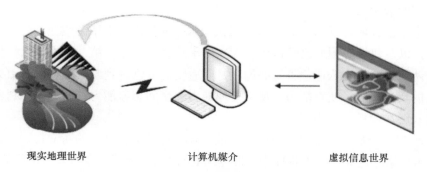

现实地理世界　　　　　计算机媒介　　　　　虚拟信息世界

图 1-1　地理信息的映射模式

　　作为图形和多媒体领域的最前沿技术代表，游戏的核心在于虚拟世界。游戏具有明显的地理意义，它在一定程度上使用与地理理论相符合的方式将真实与虚构融合并附加至应用程序中（Macmillan，1996）。游戏中起基础和关键作用的模块是游戏地图，它作为游戏的背景来承载游戏中的各种资源，是游戏系统中重要的组成部分。因此，从游戏地图入手，以游戏为代表的虚拟空间实例为研究对象，扩展地图学的理论，是泛地图学的一个着力点和重点（郭仁忠和应申，2017）。

## 1.2　电子游戏的发展

　　电子游戏是利用各种信息技术开发的，在数字设备中运行的数字化软件系统。根据游戏平台的不同，电子游戏可以分为主机游戏、街机游戏、便携游戏和网络游戏等；根据游戏内容的不同，电子游戏可以分为动作游戏（action game，ACT）、冒险游戏（adventure game，AVG）、模拟游戏（simulation game，SLG）、角色扮演游戏（role-playing game，RPG）、策略游戏和其他游戏。最早的电子游戏诞生于 20 世纪 50 年代，当时的现代电脑也刚面市。在之后的数十年中，游戏发展突飞猛进。1958 年世界上第一款电子游戏诞生。1972 年世界上第一部以电视为媒介的家用游戏主机 Odyssey 正式上市。1976 年任天堂就发布了第一台以卡带为媒介的家用游戏机。到 20 世纪 80 年代初，游戏发展进入极度繁荣期，大型电子游戏机（即"街机"）现身于中国大陆沿海城市，任天堂、世嘉等几大游戏厂商竞争激烈。80 年代末还出现了掌上游戏机（以 Gameboy 为代表，插入卡带后可装进口袋随身携带）。进入到 20 世纪，电脑游戏发展迅速，尤其是网络游戏，游戏画面从简单粗糙的画质到今天的 3D 甚至 VR 与 AR 的可实时交互、3A 级游戏场景水平，游戏种类也是层出不穷。到了今天，游戏产业在市场收入规模和用户规模上达到了一个新的高峰。据《2022 年中国游戏产业报告》，尽管游戏产业受新冠疫情影响处于承压蓄力阶段，但游戏企业仍一直积极拓展海外市场，直面国际同行激烈竞争，其外溢效应利好数实融合，这直接反映了现代电子游戏的巨大市场占有量及对人们超乎寻常的吸引力。

随着电子游戏的发展以及大众对游戏认识水平的提高，电子游戏在文化、教育、竞技、艺术，以及建筑等领域已经得到了大家的承认并被授予"第九艺术"的称号。任何事物都有两面性：过度沉迷危害身心健康，而适度则可以看到游戏存在很多益处：有利于锻炼人的反应能力、侦查能力、视觉处理能力和空间想象能力；同时，有利于提高人的注意力和解决问题的能力等。

电子游戏真正是一种现代人发明出来的文化，它是电子时代的新文化形式，完美地将文化、历史烙印进元件或者程序中，将传统上的美术、文学、音乐等与现代的计算机、网络、影视、VR、交互技术、AI 等融为一体，具有负载情感体验、叙事功能，并且可以角色扮演，是一个不折不扣的传统艺术与高科技产品相结合的文化产业类别。电子游戏的最基本特征是参与性与交互性。在文学、音乐、电影等其他艺术领域，我们扮演着旁观者的角色，对于此类艺术的欣赏是一种单向性的欣赏。然而，电子游戏将以往文化艺术的内涵和形象变为"虚拟的真实"，并且让用户参与其中，身临其境般体会二次元世界，造就了一种新的艺术体验方式。

# 1.3　游戏地图的发展

游戏界的迅猛发展，使得游戏地图渐露锋芒。它作为游戏的背景来承载游戏中的各种资源，是游戏系统中非常重要的组成部分。无论是游戏的忠实玩家还是新手，他们大多数时间都是在游戏地图上度过的，即忠实玩家沉迷喜爱的对象，新手带着巨大的好奇心去探索这个世界，地图设计的质量直接影响着玩家的游戏体验和道德观的塑造。游戏地图蕴含众多现代化、时代化的元素，风格多样，内容丰富，功能齐全，加上其先进的技术，精巧的地图设计、华美的场景，以及超强交互性，使其处于现代各行业的前端，若地图学能从这一分支中汲取经验，那无疑是一大进步。

## 1.3.1　游戏地图的萌芽

游戏地图的历史可能远比我们想象的要久远。从广义上来说，从任何互动游戏的产生开始，游戏地图的概念就已经存在了。想象一下我们幼时玩过的"跳房子"，我们需要用一个粉笔头或者坚硬的石子在一块相对平整的地面上画出大小适中的方格状或飞机状等形状的房子，如图 1-2 所示。

事实上，地图在电子游戏领域也一直扮演着关键角色，它们有时是主要用户界面，有时又更像玩家的一种参考工具。在电子游戏领域，游戏地图的历史最早可以追溯到 20 世纪 60 年代，当时的电子游戏还处于起步阶段，地图设计只是游戏设计中的一个小小组成部分。在这个时期，游戏地图主要是为了方便玩家在游戏中寻找目标和路线，地图的形式也比较简单，大多是平面的，玩家需要通过探索和战斗来获得胜利。最典型的游戏便是于 1965 年上市的《太空侵略者（Space Invaders）》（图 1-3），它可以说是电子游戏的始祖。

图 1-2　跳房子游戏地图

图片来源：https://www.vgtime.com/topic/950627.jhtml

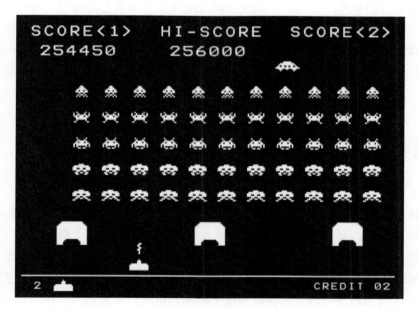

图 1-3　游戏《太空侵略者》

随着技术和硬件的进步，越来越多的游戏开始加入各种元素，如迷宫、陷阱、剧情等，使得地图变得更加复杂和多样化。例如，与《太空侵略者》中简单的平面地图不同，《超级银河战士（Super Metroid）》中的地图存在多个区域，并且加入探险元素，即玩家需要发现隐藏的奖励区域。这种地图设计模式会推动玩家主动探索、发掘并认知游戏世界（图1-4）。

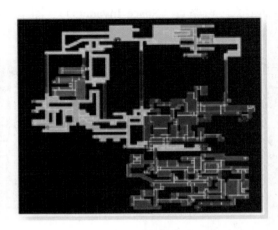

图1-4　游戏《超级银河战士》

将范围扩大后不难发现，游戏地图实际上是承载互动元素的基盘和构建互动规则的骨架。在游戏中，玩家几乎不会单纯地与地图进行互动，而是与地图上可以互动的点及这些点交织而成的规则产生互动。即使在以地图为主体的赛车游戏中，表面上是玩家在地图中活动，地图设计在很大程度上影响了游戏进程，但玩家需要互动的对象实际上是车辆本身及地图为其划定的行进规则。正如《刺客信条：奥德赛（Assassin's Creed: Odyssey）》的世界设计总监本杰明·霍尔（Benjamin Hall）所言："地图是至关重要的元素，我们的目标是创建玩家能够从鸟瞰的角度辨识的游戏世界，例如形状像手的伯罗奔尼撒半岛、萨拉米斯海湾、阿提卡半岛和马其顿等。"

### 1.3.2　游戏地图的发展轨迹

1. 三元空间的一致性融入

ICT时代背景下，地图逐渐向智能化、个性化、大众化和精准化方向发展，泛地图、微地图、游戏地图、赛博地图、机器地图、全息地图、隐喻地图等概念正在不断涌现并进入大众的视野。一方面，由自然地理空间、人文社会空间和信息空间构成的三元空间的提出给地图学指明了新的发展方向，地图学不再局限于仅以物理世界为研究对象，而应进一步拓展对象边界，研究以物理维度上的实体世界、信息维度上的虚拟世界，以及两者所共有的人文空间（Bailey，1992）。人类社会正在迈入一个崭新的人机物融合时代。这种融合强调的是三元空间的有机融合，其中自然地理空间分别与人文社会空间、信息空间源源不断地进行信息交互，而信息空间与人文社会空间则进行着认知属性和计算属性的智能融合。信息空间包含网络空间、赛博空间、虚拟空间、社会媒体空间、心理空间等，这种虚拟化的实践超越了现实的经济、社会、政治、教育和文化等方面的行为模式局限，为人们开辟了一个新的价值领域，引起了人类生产方式、生活方式和思维方式等领域的巨大变革（郭仁忠和应申，2017）。

ICT 的发展使得地图的表达范围和种类得到拓展，三元空间的交互为地图的发展开拓了新空间（郭仁忠等，2018），也为现实中一些问题的解决提供了新思路，如利用游戏的强交互性，实现虚实之间的无缝通信，提高办事效率；通过第一人称或第三人称的视角，以生动、沉浸的交互体验形式叙述虚拟场景，并赋予其地理文化特色内涵，将城市规划为一个更合理的人文空间；化虚拟为现实，参考游戏的叙事探索模式将导航服务进行改进使其更加人性化等；还有在类似智慧城市的建立、文物的保护及文化传播知识等方面的应用。

早期像素或 2D 类型游戏中，游戏是由一定数量的图斑块拼接而成；而当前 ICT 环境下游戏地图发展为人机协同平台。由于游戏本身试图构成一种虚构的现实甚至是一个真实世界，因此游戏地图即是对游戏世界本身物理、社会的数字表达，是现实的一种映射（图 1-5）。虚拟的一切皆源于现实，游戏中物理空间采用现实地理背景，凝聚生活的常识，仿真现实的场景，抽象社会的规则，既是现实世界的缩影又是对现实世界进行重构，同时反过来通过虚拟的聚类而寻找现实的共性，扩展了人所在的空间，从而为人类的发展提供实验借鉴价值，并对现实物理世界起启示作用。但无论现实还是虚拟世界，都是以"人"为核心的，即社会空间是游戏空间和现实物理空间两者共同的本质和基础，其中的社会关系和规则法律，都不能单独脱离现实而存在。

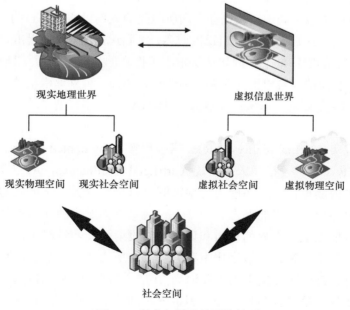

图 1-5  现实与游戏地图的关系

游戏地图以社会空间为基础，打造虚拟与现实的交互。虚拟空间以现实为基础来构建、重构并丰富虚拟的内容；现实空间从虚拟游戏地图空间中得到反馈（如文化传播、精神慰藉等），最终影响人的心理和行为。

从更为具体和细致的角度来分析，同严肃、科学的传统地图的特征相比，游戏地图具有简单的数学基础、灵活的比例尺、简单易懂的设计、独特的地图语言等特点（彭勃等，2015）。游戏地图由于显示屏幕的限制，要求在屏幕这个"舞台"上展示其场景情节和演变，这使得游戏场景具有了舞台的"两三步走遍天下，三五人千军万马"效果。因此游戏地图在场景设计时符号、尺寸、对比关系等要有极大的灵活性，要求既新颖又易懂，才能更大程度吸引玩家。

游戏地图要实现的不仅仅是在 3D 中模拟现实世界，而且是希望实现在 4D 环境中完成对现实世界的复制，模糊真实与合成之间的界限，使人们真正有种身临其境的感觉。在游戏地图的载体上，实现了跨越虚实边界的四角交互，人（玩家）、机（信息世界）、物（计算机及交互设备）融合在一定程度上已经成为现实，连同时间、空间等自然物理特征及社会人文三元空间融合在一起，具有社会虚拟化、情境模拟化、反馈智能化的特征。

## 2. 元宇宙——游戏地图发展的助燃剂

1992 年，美国著名幻想文学作家尼尔·斯蒂芬森（Neal Stephenson）在一本名叫《雪崩（Snow Crash）》的科幻小说中首次提出了"元宇宙（Metaverse）"的概念。在《雪崩》中，斯蒂芬森描绘了一个超现实主义的数字空间元宇宙，那是一个平行于现实世界的虚拟共享空间。在此虚拟空间中，被地理空间所阻隔的人们可通过各自的"化身"相互交往，度过闲暇时光，还可随意支配自己的收入。"元宇宙"概念的提出则为游戏世界构建了一个虚实结合的宏伟框架。例如从讲求事事拟真的《模拟人生（The Sims）》到讲述英雄史诗辉煌壮丽的《魔兽世界（World of Warcaft）》，再到追求极致竞技水平与能力的《英雄联盟（League of Legends，LOL）》《DOTA》，无不打造了一个又一个精彩的虚拟世界。

随着虚拟现实（virtual reality，VR）、增强现实（augmented reality，AR）、混合现实（mixed reality，MR），以及人工智能（artificial intelligence，AI）等技术水平不断提升，元宇宙的内涵也在不断拓展，元宇宙既可以是完全独立于现实的平行宇宙，也可以是虚拟世界与现实世界的融合和交互——现实世界发生的一切事件都会同步到虚拟世界中，而人们在虚拟世界的行为和体验也将投射到现实世界中，并对现实世界产生影响。正如尼葛洛庞帝在《数字化生存》一书中所说"虚拟真实能使人造事物像真实事物一样逼真，甚至比真实事物还要逼真"（尼古拉斯·尼葛洛庞帝，1996）。元宇宙的真正成型，不仅仅是要打破现实与虚拟世界之间的次元壁，或是造一个更大的虚拟世界，而是要更进一步打通从技术到体验，从内容到平台，从玩法到生活之间的各种

"墙壁"，真正意义上让每个人的视觉观感、社交体验、日常消费乃至于生活的变化有一个更为直观的变化。尽管虚实结合的产业形态目前还未普及，但游戏与元宇宙结合的业态已"跑"在了最前面，二者结合将涌现出新的发展路径。一方面，元宇宙以类似"游戏"的方式存在，通过沉浸式体验愉悦人们的精神生活；另一方面，以虚拟形式存在的游戏也为元宇宙的发展提供了极大的可拓展的空间及优越的实验场景，这使得游戏成了元宇宙最重要的呈现形式。游戏是一个多模态环境，包含地理环境、社交环境等，"游戏空间大规模迁徙"正是人们向虚拟空间的沉浸式前进，是虚/实边界模糊的一个典型代表（简·麦戈尼格尔，2012）。游戏在一定程度上使用与地理理论相符合的方式将真实与虚构融合并附加至应用程序中（Macmillan，1996）。例如，增强现实移动游戏《精灵宝可梦 Go（Pokémon Go）》便结合了谷歌地图数据和增强现实技术，实现了与现实世界的"虚实结合"。

2016 年 3 月，西班牙建筑师兼 MetaSpace 博客创始人 Enrique Parra 和 Manuel Saga 在博客文章 *Cartography in the Metaverse：The Power of Mapping in Video Games* 中阐述了他们在元宇宙时代来临的前景下对于游戏地图的理解，将游戏地图的概念更好地引入地图学，同时也为未来地图学点明了方向。游戏地图超越传统地图的突破主要在于以下六点：第一，游戏地图超脱单纯的定位作用而成为组成游戏的重要元素；第二，游戏地图注重用户与场景之间的互动性，用动态结构来构成游戏界面；第三，游戏地图有时代表实际的地点，有时代表虚构的场景，但它们总是拥有符合游戏整体基调的图像语言并通过这种形式直接为用户体验服务，这种体验超越了空间、文化和代际的差异；第四，游戏地图提供了一个能够容纳大量数据的场所，在竞技类游戏中这些数据往往是实时的游戏地理参考数据，通过数据分析可以帮助用户进行决策；第五，游戏地图灵活地向用户提供信息，在快节奏游戏中地图可以充当毫不起眼的工具，在慢节奏游戏中地图则能呈现大量信息；第六，游戏地图前所未有地在游戏用户之间建立了联系，这一点在开放世界地图中尤其明显，在此层面上游戏地图作为信息交流的桥梁和主要场所为用户提供了超越地图本身的信息。

**3. 从二维拼块到虚拟现实**

纵观整个游戏地图的发展历程，可以发现游戏地图的发展经历了一个漫长的过程，从最早的简单地图，到后来加入各种元素和功能的复杂地图，再到现代的多样化和丰富功能的地图。以下是游戏地图发展的主要阶段：

（1）2D 游戏地图时代。早期的游戏地图通常是 2D 平面图，只显示游戏中的基本地形和关键要素。比如前面提到的《太空侵略者》《超级银河战士》，再如《魔兽争霸（Warcraft）》《命令与征服：红色警戒（Command & Conquer：Red Alert）》和《超级马力欧兄弟（Super Mario Bros.）》等游戏。在这个阶段，游戏地图通常只显示游戏中各个关卡的基本结构和道路方向，主要用于简单地导航和提示玩家的前进方向。

（2）3D游戏地图时代。随着计算机图形技术和3D技术的进步，游戏地图开始呈现出立体化的效果，逐渐从2D平面图转变为3D模型，可以显示更为细致的地形和建筑。3D游戏地图不仅可以显示游戏中的基本地形，还可以呈现更加真实的环境和场景。例如《我的世界（Minecraft）》《战地（Battlefield）》《刺客信条：奥德赛》《魔兽世界》，以及《城市：天际线（Cities：Skylines）》等游戏均采用了立体化结构，可以让玩家获取更为细致的地形和建筑等信息，为玩家提供更加全面的游戏导航。

（3）开放世界游戏地图时代。随着开放世界游戏的兴起，游戏地图的功能和复杂度也不断提升，游戏地图也逐渐变得更加开放和自由。在开放世界游戏中，地图不再是简单的游戏导航，而是成了玩家探索和发现的主要场所。玩家能够自由地探索地图，玩家的核心体验不再是通过游玩固定路线的线性任务，而是以通过自由探索的方式来发现未知区域和解开谜题或进行自由创造改变世界作为核心体验。例如，在《上古卷轴5：天际（The Elder Scrolls V：Skyrim）》这样的游戏中，地图上标注了各种地点、任务、宝藏等信息，玩家可以通过地图寻找有趣的内容和探索未知的领域。

（4）AR游戏地图时代。近年来，随着AR技术的发展，游戏地图也开始应用于AR游戏中。在AR游戏中，地图可以将虚拟游戏世界与现实世界相结合，让玩家在真实的环境中进行游戏探索和互动。例如《精灵宝可梦 Go》中的地图可以显示周围的实际环境和虚拟妖怪，玩家可以在现实中寻找和捕捉妖怪。

# 1.4　游戏地图地理研究及发展趋势

游戏地图地理研究与游戏地图的发展几乎同步，国外对于游戏地图的研究起步早，理论与实践相辅相成。从1980年代开始，视频游戏已通过地图呈现和强调游戏故事的空间维度。地图用于讲述空间故事并对虚拟地形进行可视化。多样化的游戏地图为未来的游戏虚拟空间奠定了基础，用于创建游戏地图的技术也已进入制图和地理信息学的其他应用（Edler and Dickmann，2017）。以魁北克大学蒙特利尔校区的电子游戏研究教授Simon Dor和卡尔加里皇家山大学地球和环境科学系教授Lynn Moorman的研究为例：Simon Dor指出从游戏到现实生活中的技术应用与制图知识的转移非常大，真实世界的位置在游戏地图中的应用强化了人们对于真实世界的地理环境的理解；Lynn Moorman的研究探讨了人们如何从现实世界的数字地图中解释地理概念，确定了谷歌地球和视频游戏之间的四个具体重叠领域，包括在尺度不断移动时理解不同尺度的内容、空间定位、自上而下与斜视，以及用户将屏幕上的二维环境重新想象成三维空间的"尺寸转换"。游戏地图的地理相关研究推动了游戏地图的地理发展。2016年，结合了谷歌地图和虚拟现实的增强现实手机游戏《精灵宝可梦 Go》在全球范围内获得了巨大成功；2018年，谷歌开始将其地图界面提供给那些想要使用其真实世界的地理信息的游戏开发者，使得地图数据在游戏软件中得到了广泛应用。

国内游戏地图的地理相关研究发展于 21 世纪，从游戏地图的特点的认识出发，为地图学发展注入了新的力量。从地图学研究的角度出发，研究游戏地图及其代表的虚拟空间地图是地图学在新时期发展的需要（郭仁忠等，2021）；从元宇宙架构的角度出发，元宇宙虚拟空间的地理环境需要契合的表达工具，元宇宙生活畅想将从对游戏地图的研究开始走向现实。以郭仁忠院士与应申教授的研究为代表的游戏地图虚拟空间方面的研究丰富了泛地图学的理论，为传统地图的优化、游戏地图的发展和地图学的发展做出展望。存在于虚拟空间的游戏地图是现实世界的缩影和重构。虚拟游戏中的地图更简明、更灵活、更实用、更人性化、更注重设计、更注重交互且功能更强大，这便是传统地图向着信息化地图的几个优化方向。虚拟源于现实和想象，游戏地图是一个典型的地图虚拟信息空间的代表。游戏虚拟空间的地点、时间、人物、事物、事件、现象、场景环境等都是虚实结合而生的。虚实相生将是游戏地图未来进一步的发展方向。

## 参 考 文 献

郭仁忠, 陈业滨, 应申, 等. 2018. 三元空间下的泛地图可视化维度. 武汉大学学报·信息科学版, 43(11): 1603-1610.

郭仁忠, 陈业滨, 赵志刚, 等. 2021. 泛地图学理论研究框架. 测绘地理信息, 46(1): 9-15.

郭仁忠, 应申. 2017. 论 ICT 时代的地图学复兴. 测绘学报, 2017(10): 1274-1283.

简·麦戈尼格尔. 2012. 游戏改变世界: 游戏化如何让现实变得更美好. 闾佳译. 杭州: 浙江人民出版社.

闾国年, 俞肇元, 袁林旺, 等. 2018. 地图学的未来是场景学吗. 地球信息科学学报, 20(1): 1-6.

尼古拉斯·尼葛洛庞帝. 1996. 数字化生存. 胡泳译. 海口: 海南出版社.

彭勃, 徐惠宁, 杨洋. 2015. 游戏地图特点分析及对传统地图设计的启发. 地理空间信息, 2015(4): 163-164.

王家耀, 成毅. 2015. 论地图学的属性和地图的价值. 测绘学报, 44(3): 237-241.

Bailey J. 1992. First We Reshape Our Computers, Then Our Computers Reshape Us: The Broader Intellectual Impact of Parallelism. Daedalus, 121(1): 67-86.

Batty M. 1997a. Virtual Geography. Futures, 29(4-5): 337-352.

Batty M. 1997b. The Computable City. International Planning Studies, 2(2): 155-173.

Berry B J L. 1997. Long Waves and Geography in the 21st Century. Futures, 29(4-5): 301-310.

Edler D, Dickmann F. 2017. The Impact of 1980s and 1990s Video Games on Multimedia Cartography. Cartographica: The International Journal for Geographic Information and Geovisualization, 52(2): 168-177.

Macmillan B. 1996. Fun and Games: Serious Toys for City Modelling in a GIS Environment. In: Longley P, Batty M. Spatial Analysis: Modelling in a GIS Environment. New York: J. Wiley Cambridge.

Turkle S. 1995. Life on the Screen: Identity in the Age of the Internet. New York: Simon & Shuster.

Wood D, Fels J. 1992. The Power of Maps. New York: Guilford Press.

# 第 2 章　游戏地图的定义

信息通信技术的发展使得地图的表达范围和种类得到拓展，自然地理空间、人文社会空间和信息空间所构成的三元空间成为地图的表达内容。本章将从 ICT 时代背景出发来探讨游戏地图的概念、结构和特点。

## 2.1　游戏地图的概念

游戏通过斑块、廊道、基质、网络等构成空间格局，以路标、路径、节点、区域、边界等构建地理景观意象，通过建立空间对象（点状、线状、面状、注记、影像）间的关系而成为有价值的载体（张胤，2004）。游戏所构建的世界本质上是现实社会的一个缩影。它通过深入挖掘生活事件的本质内容，寻找其中蕴含的矛盾错位的聚焦点，从而实现事物存在和发展形式的多样化。然后，通过与游戏中各个部分的协调和融合，形成一个完整的世界观。这种构建方式为人们探索物理世界事物存在和发展的多种可能性打开了空间。从玩家的角度看，这个游戏空间就是他们所处的地理环境；而从现实角度来看，游戏空间实际上是通过模拟现实而构建的一种游戏地图。

在游戏中，地图的概念同"关卡"含义，很多人将游戏地图视为图形界面、美术库、游戏交互的对象、引路的工具等。实际上，游戏地图最早的概念是由图斑、图块构成的图形元素（如地形、建筑植被或游戏主题元素等），通过某种联系方式拼接或搭配而成的游戏的背景，承载游戏资源和游戏角色，这时的游戏地图更倾向于是连续或非连续的背景图片。ICT 的发展使得地图的表达范围和种类得到拓展，自然地理空间、人文社会空间和信息空间所构成的三元空间成为地图的表达内容（郭仁忠等，2018）。几乎是同步的，游戏地图的构成元素逐渐向个体化对象发展，这一趋势在 3D 游戏中表现尤为明显。游戏地图由无数个几何多边形构成，并由特殊的位置关系和数学逻辑组织到一起。通过游戏描述性语言，每个对象都被赋予了特定的属性，从而构成包含时间、地点、人物、事物、事件、现象、场景现实地理空间七要素的虚拟地理环境。游戏地图和游戏的逻辑、玩法、设计结合在一起，并成为人（玩家）机（游戏载体，如游戏机、计算机）最直接交互的平台。从研究目的和问题出发，本书所述游戏地图是具有实际地理意义的三维游戏地图（斯科特·罗杰斯，2013）。需要说明的是，并非所有游戏都有虚拟空间，一般而言，游戏的分支叙事越多，游戏就越像一个世界。同时还要考虑多人参与形成的社会性和自主创造性及未来的不确定性（Bainbridge，2012）。

## 2.2　游戏地图的结构

　　游戏地图是游戏的基础和核心，也是用户和开发者交互的平台。游戏的模式决定了游戏地图的嵌套式结构：游戏底图和场景地图。如图 2-1 所示，游戏底图一般为二维地图，发挥鹰眼作用；场景地图则是三维数字地图或虚拟地理环境，是一种以三维模型构建的场景，具有地形、地物（水系、居民地、交通、地貌、植被等地理要素）及游戏资源的地图。游戏地图的主要作用是承载游戏资源，体现故事发生的时代地域文化特点和人物生存氛围。

场景地图

游戏底图

图 2-1　游戏地图嵌套架构（以《武装突袭 3（Arma 3）》为例）

　　根据 ICT 技术的组织框架和面向对象的规则，可将游戏地图结构分为三层（图 2-2）：

　　（1）操作层：面向用户。包括各种物理特效、天气、光影等信息，还有玩家之间的交互，属于动态活动层；

　　（2）地形层：承上启下交互的纽带。包括地表、地物、生物，属于资源支撑层；

　　（3）地图文件配置层：面向开发者。运行游戏地图的相关程序、通信、服务，属于运行控制层。

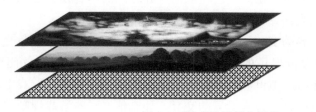

操作层

地形层

地图文件配置层

图 2-2　游戏地图纵向结构

## 2.3　游戏地图的特点

同严肃、科学的传统地图的特征相比，游戏地图具有简单的数学基础、灵活的比例尺、简单易懂的设计、独特的地图语言等特点（彭勃等，2015）。在游戏地图载体上，人（玩家）、机（信息世界）、物（计算机及交互设备）融合在一定程度上已经成为现实，再融合时间、空间等自然物理特征及社会人文三元空间，使得游戏地图具有社会虚拟化、情境模拟化、反馈智能化的特征。游戏地图独特的特点包括空间的三维性质（时间性、空间性、人文性）、游戏的交互性、游戏地图的叙事探索性和游戏地图的文化传播性。

（1）游戏地图的维度分为时间性、空间性和社会性，这三方面组成了游戏地图的框架。时间是游戏地图的一个固有属性，时间线索贯穿整个游戏世界，围绕空间、社会进行。游戏中的时间同时兼具流动、静止和循环性质，这使得游戏地图的时间线可标记、可倒流，这也是游戏存档（save/load）机制的关键。空间是游戏地图的另一固有属性。社会性是玩家在游戏空间中参与交互而发展起来的，社会性是游戏中的虚拟世界与现实世界的共同本质，也是连接虚拟现实的媒介。可以说，正是社会性的存在才创造了游戏空间。随着游戏空间的不断复杂化、随机化与开放化，游戏空间逐渐升华。具体表现为：游戏表达的内涵、主题，以及玩家的互动使得游戏空间越加"宜居（有引力）"和完善。这一发展趋势将游戏空间逐渐推向更为深刻的游戏人文空间。

（2）游戏的出现使得屏幕空间成为一种可进入、探索和穿越的、具有虚拟深度的体验空间。游戏最基本与最重要的特点是交互性。玩游戏的乐趣不仅包括视觉上的享受，更重要的是身体上的互动。游戏为"沉浸"（glaze），这个词生动地描述了玩家玩游戏时的状态：注意力高度集中、全身心投入，达到一种意识与活动的融合，时间和空间感消失的忘我境界。这种状态下能最大限度地激发人的潜能，从而更有效率地完成相应知识和技能的学习。早期的电子游戏通常是在完成制作周期后发布的，例如《坦克大战（Battle City）》《超级马力欧兄弟》等游戏，它们最初主要是搭载在街机主机类平台上。在这个时期，玩游戏是操作命令与机器反馈的互动，游戏地图本身则呈现出单机式人机交互、简单的手眼协调模式。互联网的出现为游戏带来了一场全新的变革，特别是随着网络游戏和手机游戏的兴起，游戏虚拟世界概念逐渐形成，使得游戏的交互变得更加多样化，从而形成了现实玩家、真实世界、虚拟角色和虚拟世界之间的四种角色之间的交互。四种角色之间的交互具体表现为：

①玩家与游戏中虚拟世界的交互，包括与虚拟世界的环境、非玩家角色交互，如打游戏的过程；②游戏中虚拟世界里的玩家与玩家的交互，如玩家之间的组队和对决（playerkilling，PK）；③游戏中虚拟世界与虚拟世界之间的交互，如同一游戏主城与副本之间的交互；④游戏中虚拟世界与现实世界的交互，如充值、一些游戏规则与现实法律的碰撞。

（3）游戏的叙事探索性吸引着玩家步步深入。游戏的故事是非线性且具有互动性的，它是玩家活动的产物。每一个故事的曲折之处都是从前一个故事上延伸出来的线索，故事沿着这条线索重新划定边界，进而形成一个崭新的地图。游戏不仅通过这样的线索将一个个故事巧妙地串联起来，也以这种方式构建出一个个游戏场景。在玩家与场景互动的过程中，将所有的线索有机地组织在一起便可以形成一张"故事地图"：故事地图是玩家在认知游戏空间的同时，结合沿途遇到的有针对性地唤起记忆的叙事元素的结果。这正如人在现实世界中的导航依赖于人脑认知地图的创建一样，每一个故事地图都是一个认知地图，这也是玩家对该游戏的理解。从另一种角度来说，故事地图也是游戏的独特引导模式（Neville，2015）。

（4）游戏具有文化传播特性。谭其骧先生曾说："历史好比演剧，地理就是舞台，如果找不到舞台，哪里看得到戏剧！"不论是传统文化还是历史知识，都依托于地理。游戏在技术、经济、美学、社会和文化方面至关重要，它是文化传播的主要媒介。文化元素蕴藏在游戏背景、游戏世界观中，随着玩家的交互，渐渐转移到游戏中的社会空间和玩家的意识中。地理、文化与游戏的结合即为游戏地图。可以说，游戏地图是文化传播的最佳媒介之一。

对环境认知的过程是人与环境的相互作用的结果，游戏是证明这一结果最为恰当的实验基地。例如，利用游戏地图维度，可以创建一个虚构的环境；利用游戏的强交互性，可以通过第一人称或第三人称视角体验动态、生动、沉浸的互动形式；借鉴游戏地图的叙事模式，可以刻画虚拟场景，并赋予其地理文化特色内涵，有利于将城市规划为更加合理的人文空间；借鉴游戏中的叙事探索模式，可以化虚拟为现实，进而改进导航服务，使其更符合人性化需求；通过游戏地图的文化传播性，可以为导航赋予现实文化的意义。

# 参 考 文 献

郭仁忠, 陈业滨, 应申, 等. 2018. 三元空间下的泛地图可视化维度.武汉大学学报(信息科学版), 43(11): 1603-1610.

彭勃, 徐惠宁, 杨洋. 2015. 游戏地图特点分析及对传统地图设计的启发. 地理空间信息, (4): 163-164.

斯科特·罗杰斯. 2013. 通关! 游戏设计之道. 北京: 人民邮电出版社.

应申, 侯思远, 苏俊如, 等. 2020. 论游戏地图的特点. 武汉大学学报(信息科学版), 45(9): 1334-1343.

张胤. 2004. 数字化之"道"与当代课程建构. 南京: 东南大学出版社.

Bainbridge W S. 2012. The Warcraft Civilization: Social Science in a Virtual World. Cambridge: MIT Press.

Neville D O. 2015. The Story in the Mind: The Effect of 3D Game Play on the Structuring of Written L2 Narratives. ReCall, 27(1): 21-37.

Turkle S. 1995. Life on the Screen: Identity in the Age of the Internet. New York: Simon & Shuster.

# 第 3 章　游戏地图的表现形式和类别

　　游戏地图作为游戏设计中不可或缺的组成部分，呈现出多种形式和类别。这种多样性不仅仅满足玩家对于游戏世界探索的需求，同时也为游戏体验增添更多层次和深度。根据第 2 章所述游戏地图的定义和特点，本章节首先对游戏地图的表现形式进行分析，并重点分析场景地图与玩家之间的关系；其次，基于玩家与场景地图之间的交互性对游戏地图的类别进行分析；最后，探讨游戏地图的空间建模与可视化方法。

## 3.1　游戏地图划分

　　根据游戏中地图的展现形式，游戏地图可分为场景地图、全局地图和鹰眼地图，它们之间的关系如图 3-1 所示。其中场景地图是游戏中玩家可操控的物件或角色所处的虚拟世界，是一种以三维模型构建的场景，也是玩家进行交互的场所；全局地图是对整个游戏场景地图的抽象表达，一般为二维地图；鹰眼地图可以理解为全局地图的一个切片，即只展示玩家控制角色及附近要素的全局地图的一部分。

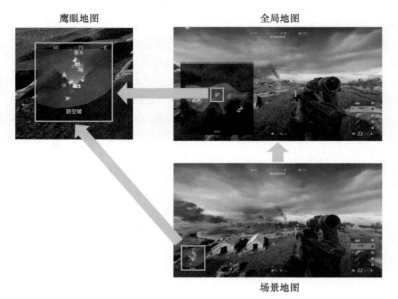

图 3-1　三种地图之间的关系

### 3.1.1　场景地图

　　场景地图是指游戏中玩家可操控的物件或角色所处的虚拟世界，用来表示游戏中的各个场景、地点和环境，是游戏最直观的体现。在场景地图中，每个场景都有其独特的时空观，这意味着场景会随着游戏的进行而发生变化。这些变化可以是时间上的变化，比如昼夜交替、季节变迁或天气变化；也可以是空间上的变化，比如地形的改变、建筑的出现或消失等。场景地图的不断变化，不仅增加了游戏的复杂性和挑战性，也为玩家带来了更丰富的游戏体验。

　　场景地图通常包含以下内容：

　　（1）地形/地貌：玩家活动的整个三维数字地图或虚拟地理环境的地面上的高低起伏的形态，例如山地、丘陵、平地、盆地等。

　　（2）地物：玩家活动的整个三维数字地图或虚拟地理环境的地面上的物体，例如建筑物、植被、道路等。

　　（3）NPC（non-player character）：又称为非玩家角色，指游戏中玩家无法操纵的角色。

　　（4）资源：玩家活动的整个三维数字地图或虚拟地理环境的地面上的可供玩家使用的道具，例如武器、游戏货币、补给品等。

　　如图 3-2 所示，玩家所扮演的角色所处的环境即为场景地图。

　　在开放世界游戏中，通常只有一个主要的场景地图，玩家仅在该地理区域内活动，但同一个游戏中的场景地图不一定是完全连续的。受技术水平、游戏设计背景、可玩性特征等因素影响，场景地图也可能是一系列由传送点相连的地理空间，允许玩家控制的物体或角色在这些地理空间之间移动。

图 3-2　《尼尔：复制体（Nier Replicant）》中的场景地图

### 1. 场景地图的背景

　　场景地图的背景是场景地图设计的基础。场景地图的背景基于游戏设计的背景，即游戏的情节展开所处的背景世界。游戏设计的背景十分重要，它将游戏中包括场景地图在内的各类要素的表达内容与方式限定在了一个特定的框架内。确定了场景地图的背景就决定了场景地图的整体基调——是科幻的、是戏剧性的、是童话风格的，或是黑暗沉重的等。换句话说，场景地图的背景决定了场景地图的时空观。

### 2. 场景地图的美学特征

场景地图的背景决定了场景地图的整体基调，而美学特征则决定了场景地图的艺术风格。场景地图的美学特征即场景地图内要素的符号化形式和风格。对于游戏而言，玩家对场景地图的视觉上的艺术性也是有一定要求的。场景地图的可视化在很大程度上能够激发玩家的审美情感，玩家进入游戏首先关注的是它的外在表现，然后才关注游戏功能和内容。场景地图的视觉表现方式有很多种，随着技术的不断进步，表现形式也在不断更新和提高。从最初的像素游戏，到后期逐渐成熟的 3D 游戏，再到如今被玩家们津津乐道的 3A 游戏（高成本、高体量、高质量的游戏，AAA game）中栩栩如生的人物，甚至连火焰上飘出的微小火星都能被还原的细致的场景，游戏制作者们在场景地图的视觉风格和呈现游戏元素的整体方法上下足了功夫。

此外，不同的美学设计可以结合色彩心理学表现出不同的内容，如图 3-3 是《风之旅人（Journey）》中三个不同的场景，左边场景地图的色调表现为温暖的金黄色，这暗示着此时玩家的心情应当是比较放松的；中间场景地图的色调表现为阴暗而充满压迫力的墨绿色调，这暗示着此时玩家正面对强敌，是神经紧绷的状态；右边场景地图则是冷酷严峻的灰白色色调，这暗示着此时玩家正处于旅途的最艰难时刻，心情是绝望而疲惫的。

图 3-3　《风之旅人》游戏场景

### 3. 场景地图的可玩性类型

场景地图的可玩性类型是指场景地图具体以什么样的形式供玩家体验，这决定了场景地图主要的物件要素与表现方式。各种游戏的场景地图在表现方式上存在显著差异，平台游戏中的场景地图表现为相连的一个个跳台，如图 3-4 所示，角色的行动大多在跳台上展开；赛车游戏中的场景地图表现为设置不同障碍物、地形与起伏的赛车跑道；第一人称射击游戏（first-person shooting game，FPS）游戏中的场景地图会设计高低不同、形态各异的掩体等；对于动作角色扮演类游戏（action role playing game，ARPG）等大型角色扮演游戏来说，游戏的核心玩法具有多样性，使其可交互的方式千差万别，场景地图的要素设置自然也呈现出多元化。

图 3-4　平台游戏《I wanna》地图

## 3.1.2　全局地图

全局地图的定义最接近于传统意义上的"地图"。游戏中的全局地图即将游戏场景地图的俯视图进行综合化后制成的地图，它是对整个游戏场景地图的抽象表达，通常为二维地图，在少部分游戏中表现为三维地图或者能在二维地图和三维地图之间切换，它包含以下内容：

（1）图例：位于地图一侧的地图上各种符号和颜色所代表的内容与指标说明，游戏的全局地图中的图例可以在隐藏和显示之间切换。

（2）地图符号：表示各种事物现象的图形、色彩、数字语言和注记的综合，游戏的全局地图中的地图符号多为点状符号。

（3）地图底图：游戏全局地图中承载其他所有信息的基础，包括建筑物、道路、区域划分线等。

（4）文本信息：解释和说明游戏全局地图中地图符号和其他相关信息的文字。

（5）导航线路：玩家位置和玩家设置终点最近的路线。

如图 3-5 和图 3-6 分别是《赛博朋克 2077》中的二维全局地图和三维全局地图。

场景地图不一定完全连续，也可能是由多个场景地图通过传送点连接的，因此每一个场景地图都会有一个与之相对应的全局地图。如图 3-7，即为图 3-2 所示场景地图所对应的全局地图。

图 3-5　《赛博朋克 2077》的二维全局地图

图 3-6　《赛博朋克 2077》的三维全局地图

图 3-7　《尼尔：复制体》中的全局地图

综上，本章节中所提到的全局地图主要有以下几个特点：

（1）通常固定方向，玩家一般不能对全局地图进行旋转操作。

（2）游戏可能有一个最大的全局地图，某些单独场景地图的完整俯视图也被称为全局地图。

（3）通常会覆盖较大游戏画面，有些游戏中可调整透明度以减小对场景地图显示的遮挡。

（4）玩家通常可以通过全局地图从宏观层面确认自身和目标地点的地理信息，或完成一些其他诸如传送等的便捷交互。

**1. 地图符号分析**

地图符号是用于呈现地图上各种事物和现象的线划图形、色彩、数学语言和注记的集合。它由不同形状、不同颜色的图形和文字组成。与现实地图一样，地图符号已经广泛应用于游戏全局地图，并具有以下功能：

（1）指示事物或地理现象的具体位置；

（2）反映事物或地理现象的有关内容。

游戏全局地图的符号与通常意义上地图的符号化有着相似点和不同点，以下就这两点进行分析。

**1）地图符号化相似点**

与传统地图要素的符号化类似，游戏全局地图的要素符号化包括道路、大型地物、独立地物或其他特殊要素的符号表示。不同的是，部分游戏全局地图允许玩家通过鼠标的移动和缩放来调整地图的范围和比例尺，地图中的符号化方法也可能随着比例尺的调整而发生相应变化。

需要说明的是，这里提及的全局地图是指玩家控制角色所在的整个区域，是具有方向指引的、允许查看玩家控制的角色周围情况的游戏地图。仅具备区域传送或展示功能的"全局地图"不在本章节的讨论范围内。图 3-8 展示了部分全局地图图例。

（1）道路的符号化。道路是游戏全局地图的重要组成部分，道路的符号化与通常地图的符号化相似。

本章节中所提到的道路为泛指，包括公路、铁路、小路和桥梁等交通要素。道路符号化的类型包括依比例尺道路、半依比例尺道路、不依比例尺道路三种样式，其特点和符号化方式如表 3-1 所示。其中，依比例尺道路指的是对道路的边界进行符号化，通常用来表示当前地图范围及比例尺下的大型重要道路，其外部轮廓是完全依比例尺缩绘的；半依比例尺道路通常用于表示当前地图范围及比例尺下重要等级略次且规模较小的道路，通常在长度上依据比例尺、宽度上不依比例尺进行符号化，例如单线铁路、公路等；不依比例尺道路一般用于表示在当前地图范围及比例尺下规模较小的道路，通常不显示。如图 3-9 所示的全局地图是对三种符号化类型的应用。

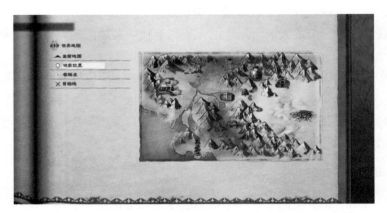

图 3-8　《尼尔：复制体》的全局地图图例

表 3-1　全局地图中道路的符号化

| 类型 | 特点与符号化方式 |
| --- | --- |
| 依比例尺道路 | 在当前显示的地图范围及比例尺下的大型重要道路，通常完全依据比例尺进行符号化 |
| 半依比例尺道路 | 在当前显示的地图范围及比例尺下重要等级略次且规模较小的道路，通常在长度上依据比例尺、宽度上不依比例尺进行符号化 |
| 不依比例尺道路 | 在当前显示的地图范围及比例尺下规模较小的道路，通常不显示<br>部分全局地图中只显示地物之间拓扑关系，不表示具体真实距离，所有道路的宽度与长度很大程度取决于美术设计 |

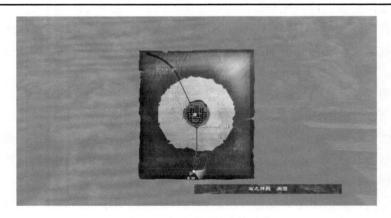

图 3-9　全局地图道路符号化

　　（2）大型地物的符号化。游戏中具有重要意义且规模较大的地物，通常会依比例尺进行比较详尽的符号化，而其他重要性较次的大型地物符号化会比较简略。表 3-2 对游戏地图中关于大型重要地物和一般大型地物的特点和符号化方式进行了仔细阐述。在游戏中，大型重要地物（如办事大厅和教堂等标志性建筑等）通常具有非常重要的作用。

这些地标在地图上需要进行比较详尽的、细节的、依比例尺的符号化处理，以确保玩家能够在全局地图上迅速而准确地辨认出它们。如图 3-10 所示的图书馆即为大型重要地物，故在地图上一般会依比例尺进行比较详尽的符号化，以便玩家进行分辨。与大型重要地物的符号化表示不同，一般大型地物通常指的是一些相对不重要的建筑、山地等。因此，对这些地物的符号化处理通常是简略的、依比例尺的，只需清晰地显示该大型地物附近的道路或地形即可。如图 3-11 所示的北部平原属于一般大型地物，故只需显示出该平原内部的道路或地形。

表 3-2　全局地图中大型地物的符号化

| 类型 | 特点与符号化方式 |
| --- | --- |
| 大型重要地物 | 在游戏中具有非常重要的地位或功能。如教堂等地标性建筑、办事大厅之类。通常会在地图上进行比较详尽的、细节的、依比例尺的符号化，让玩家能在全局地图中一眼辨认出 |
| 一般大型地物 | 不太重要的建筑、山地等。通常对其进行简略的、依比例尺的符号化，但不会太详尽，只需显示出该大型地物附近的道路或地形 |
|  | 作为游戏地图的边界存在，只起限制玩家活动作用的大型地物，有时会用不依比例尺的地物符号来表示 |

图 3-10　大型重要地物的符号化

图 3-11　一般大型地物的符号化

（3）独立地物的符号化。独立地物通常是对玩家有功能性帮助、重要性强，但规模不太大的地物。若采用比例尺符号化，可能使其在地图上显得过小，影响玩家的游戏体验。因此，对独立地物在全局地图中的符号化必须足够直观和显眼，以确保玩家能够清晰辨认，具体特点见表3-3。

表3-3　全局地图中独立地物的符号化

| 类型 | 特点与符号化方式 |
| --- | --- |
| 具有重要功能性的独立地物 | 在游戏中具有非常重要的功能，玩家可能经常需要去往的场所。通常会设计一套对应的或简略或详细或是不同颜色不同形状的独立地物符号，在全局地图中进行标注 |
| 一般独立地物 | 某些独立要素可能在通常意义上的地图中非常重要，但在游戏中的重要性不那么强。这类地物与其他不太重要的独立地物一样，一般不会在全局地图中进行显示 |

如图3-12中，全局地图左下角的标识代表了各类功能点。

图3-12　独立地物的符号化

（4）其他特殊要素的符号化。特殊要素在通常意义上的地图中不会算作地物的一些要素，在游戏地图中也会进行符号化并予以显示，表3-4描述了特殊要素（如具有重要功能性的NPC、游戏内的其他玩家）的特点与符号化方式。需要注意的是，部分特殊要素甚至会随时间在地图中进行移动。

表3-4　全局地图中特殊要素的符号化

| 类型 | 特点与符号化方式 |
| --- | --- |
| 具有重要功能性的NPC | 在游戏中可以起到前文所述的具有重要功能性独立地物一样功能的NPC，如可以买卖道具的商人；可以进行其他交互的NPC，如接任务、交任务等；可战斗的敌方NPC |
| 其他游戏玩家 | 游戏中可能需要确认队友的位置以便更好地配合，这时需要将队友位置符号化；有些游戏中玩家会进行对抗，这时全局地图上显示敌人的位置也很重要；（注：部分游戏中全局地图里并不总是会显示敌人的位置，这与各个游戏不同的机制有关） |

**2）地图符号系统不同点**

由于玩家在游戏中的行动有自己特殊的目的和需求，所以游戏全局地图的地图符号系统与现实生活中的地图符号系统有很大的区别。以《赛博朋克 2077》为例，其全局地图拥有自己的地图符号系统，它具有如下特征。

（1）指示事物或地理现象的内容更加精确。在游戏中，玩家通常有非常明确的目标。以购买道具为例，玩家无须在庞大的场景地图中漫无目的地寻找，只需打开全局地图，找到道具商店的具体位置，便可直接前往购买所需的道具。这一特征在《赛博朋克 2077》中有极为明显的展现。该游戏的全局地图符号系统更加清晰地指示了事物或地理现象，商店也被进一步分类为远程武器商店、近战武器商店、垃圾商店等。以购买刀具为例，玩家只需直接前往近战武器商店，无须再在其他商店中浪费时间。

（2）指示对象内容扩展。《赛博朋克 2077》的全局地图的符号系统不单单代表事物或地理现象，它的内容在游戏中被进一步扩展，还能够指示事件、NPC、移动目标等玩家一切感兴趣的内容。①事件：是指发生在游戏中的 NPC 活动，例如发生袭击案件、有组织犯罪活动嫌疑、犯罪举报等；②NPC：是指在游戏中有玩家感兴趣功能的 NPC，例如雇佣杀手、客户等；③移动目标：是指在游戏中地理位置发生改变的事物，例如 V 的车辆。

（3）明确的分类。在《赛博朋克 2077》的全局地图符号系统中，地图符号按照具体功能分为四类，分别是：①服务点（白色），包括标记地点、V 的车辆、公寓、交货点、服装、义体医生、网络黑客、武器店、近战武器商贩、医疗点、饮食、酒吧、垃圾商店等，这些图例主要代表消费点或者主人公的车辆、住所；②快速移动（蓝色），代表快速移动点；③任务（黄色），包括未发现、支线任务、主线任务、雇佣杀手、物归原主、偷盗、暗中破坏、SOS（急需佣兵、护卫），这些图例与游戏任务或者剧情相关；④开放世界（青色），包括中间人、客户、NCPD 警用频道案件、发生袭击案件、有组织犯罪活动嫌疑、犯罪举报、目击赛博精神病、塔罗牌，这些图例与战斗或收集物相关（图 3-13）。

（4）符号图形更加复杂。与现实生活中地图图例的简洁抽象不同，游戏全局地图中只有部分符号采用了简洁抽象的图形，而另一部分符号会适当地使用复杂的图形，旨在保持与游戏主题和内容相协调的艺术风格。例如，在《赛博朋克 2077》中，对于重要的主线任务和支线任务的图例，游戏主要采用简洁的图形；然而，当表示有组织犯罪活动嫌疑和目击赛博精神病的符号时，则采用十分复杂的骷髅图形来向玩家暗示这些地方可能会爆发激烈战斗。

（5）强化点状符号，弱化线状符号和面状符号。《赛博朋克 2077》中有十分丰富的点状符号，代表着不同的事物、地理现象、事件、NPC、移动目标等。但是线状符

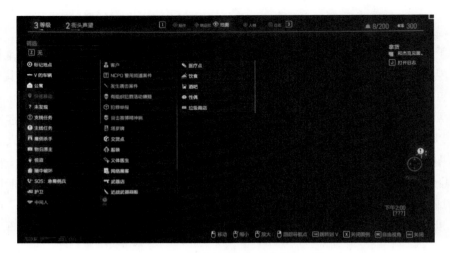

图 3-13 　《赛博朋克 2077》的图例系统

号和面状符号被明显地弱化，甚至十分单一，并且不在图例中显示线状符号和面状符号。在《赛博朋克 2077》中的全局地图中，用浅蓝色线代表所有道路，用红色代表所有建筑，这些道路和建筑的性质并不加以区分。究其原因，在游戏中，探索任务和剧情通常与点状地物相关，因此玩家对点状地图表现出更为明显的兴趣，但对于与探索任务和剧情内容无关的线状地物和面状地物则关注较少，甚至几乎不关注。因此，全局地图对于线状地物和面状地物进行了显著的弱化。

2. 全局地图功能

前文也提到过，有些全局地图可以根据玩家需求修改显示的范围和比例尺，这也与全局地图的功能有关。一般全局地图的通用性功能如下：

（1）确认自身与目标或目的地位置。与现实生活类似，当我们需要了解自己的当前位置或目的地位置时，我们会打开游戏中的全局地图，确认自身位置与目标位置，然后以此为依据对接下来的行动做出决策。

（2）筛选或标识目的地位置。前文提到，全局地图中包含许多具有重要功能的独立地物或其他特殊要素。这些要素通常数量庞大，种类繁多。为了突显它们，用于表示的符号通常占用相当的图幅面积。然而，当多个独立要素距离较近时，不可避免地在地图上产生要素间的覆盖。为了避免这种情况对玩家产生负面影响，通常采用以下两种方法来解决：①通过鼠标等操作修改全局地图的比例尺，当比例尺足够大时，两个要素之间在图幅上的距离也会足够大，玩家也因此能够分清各个要素的具体位置。②在一些游戏中，全局地图提供了筛选和标识的功能。这些独立要素通常被划分为几个不同的大类，筛选功能使得全局地图能够只显示玩家选定的一类或几类要素，这有利于玩家快速确定距离自己最近的目标点的位置。标识功能需要与第一种方法结合。

简而言之，当玩家将全局地图的比例尺调整到足够大时，虽然可以清晰地查看局部要素的位置关系，确认目标点的具体位置，但由于电子设备的显示屏尺寸受限，在大比例尺下，实际地理范围的显示相对较小，会导致玩家难以在宏观层面上确认自身与目标点之间的位置关系。这时标识功能便可以发挥作用，它可以高亮显示玩家选中的目标点，并持续置于图层的最上方，这样即使在缩小比例尺后，玩家依然能够确认目标点的具体位置。

（3）规划自身到目的地路径。在玩家确定了一个或多个目标点的位置后，一些游戏的全局地图会提供规划路线的功能，或是为玩家确定一条从当前位置可以最快到达目标点的路径，甚至自动引导玩家前往目的地。

（4）通过足迹辨认方向。一些游戏的场景地图要素较多，容易让玩家迷失方向。为了应对这种情况，有些游戏在全局地图上添加了足迹功能，用以显示玩家走过的短暂路径，旨在帮助玩家避免重复走相同路线。在图 3-14 中，玩家位置与方向的箭头后方的一串白色的点即代表了玩家行进的足迹。

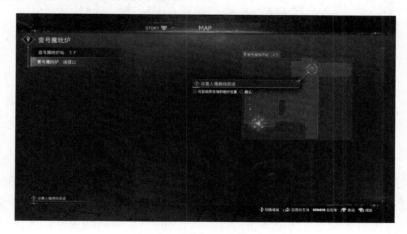

图 3-14　通过足迹辨认方向

（5）实现与队友的可视化交流。在一些合作性较强的游戏中，全局地图还提供了团队交流的功能。各个玩家可以使用不同颜色的画笔在全局地图中进行涂鸦或标注，以便队友了解自己的动向，包括当前位置、需要注意的事项或准备前往的地点等。

下面以《赛博朋克2077》为例，详细介绍全局地图的功能。

**1）分区功能**

在游戏中，一般会按照一定规则将游戏的全局地图进行分区，并赋予区域名称，其作用如下：①便于玩家查询区域内地物；②使游戏全局地图更加有序；③与游戏剧情发展相联系。

《赛博朋克2077》在游戏开始阶段就给出了整个"夜之城"的地图，将整个"夜之城"划分为六个区域，分别是沃森、市政中心、太平洲、威斯布鲁克、圣多明戈、海伍德，这六大区域又能够继续划分成更小的区域。

在《赛博朋克2077》的最小比例尺的全局地图上，只显示六个大区域，而不显示细分之后的小区域，各个大区域用不同颜色的暗色线条显示，例如图3-15市政中心区域用黄色线条显示，当玩家的鼠标移动到大区域内部后，对应的大区域高亮显示，并且每个大区域都有其对应的图标显示在区域内部，再结合相关文字信息向玩家展现不同的区域。

图3-15 《赛博朋克2077》全局地图大区域划分

而在《赛博朋克2077》的第二级比例尺的全局地图上，这些大区域被进一步细分为若干小区域，小区域划分的线条和它所属的大区域的线条颜色相同，当玩家的鼠标移动到小区域内部后，会显示小区域的名称，对应的小区域高亮显示，大区域则没有变化（图3-16）。另外，大区域对应的图标会消失。

在进一步放大的全局地图上，区域的划分将会消失，这是因为放大到一定程度后，整个电脑屏幕无法显示一个完整区域的范围，因此区域的划分在这些比例尺下没有意义，所以不再划分。

另外，《赛博朋克2077》的分区还和游戏的剧情、敌人的设置相关。当玩家刚进入游戏时，只显示玩家附近一些区域内的信息，这些区域内的任务和敌人的难度和玩家的等级相同，而距离玩家较远的区域则不会显示，这些区域内的任务和敌人的难度远远超出玩家的等级，玩家想要完成或击败他们十分困难。玩家在一个区域内完成一些任务或击败某些敌人后，并随着游戏剧情的发展和推进，后续区域会随之不断解锁。

图 3-16　《赛博朋克 2077》全局地图小区域划分

**2）3D 模式功能**

《赛博朋克 2077》的全局地图不仅仅有 2D 模式，还可以切换成 3D 模式（图 3-17），在游戏中也被称作自由视角。

3D 模式的作用有：①可以对全局地图进行缩放、旋转等操作，以便自由浏览"夜之城"；②可以十分清晰地看出城市的结构及建筑物的高度、形态等；③可以分辨建筑和道路之间的关系。

然而，3D 模式也存在一些明显的缺点：所有的图例都会消失，甚至连玩家自己所在的位置都可能无法获取，从而导致全局地图失去了大部分的功能。

图 3-17　《赛博朋克 2077》全局地图 3D 模式

**3）缩放情况**

《赛博朋克 2077》全局地图的比例尺并不能够由玩家任意调整，也就是说没有无级比例尺功能，无法做到不同比例之间的平滑缩放，它仅提供了 5 个不同的比例尺供玩家使用，玩家可以使用鼠标滚轮改变比例尺大小。如图 3-18 是 5 个不同比例尺下的全局地图，比例尺由小到大依次为 1~5。

（1）比例尺 1：仅显示主线任务、公寓和玩家位置，以及区域图标；

（2）比例尺 2：显示主线任务、支线任务、未发现、玩家位置和公寓，但是区域图标会消失；

（3）比例尺 3：所有地图符号均会显示，但是地图符号密集处会出现偏移；

（4）比例尺 4：所有地图符号均会显示，会出现少量地图符号偏移的情况；

（5）比例尺 5：所有地图符号均会显示，不会出现地图符号偏移的情况。

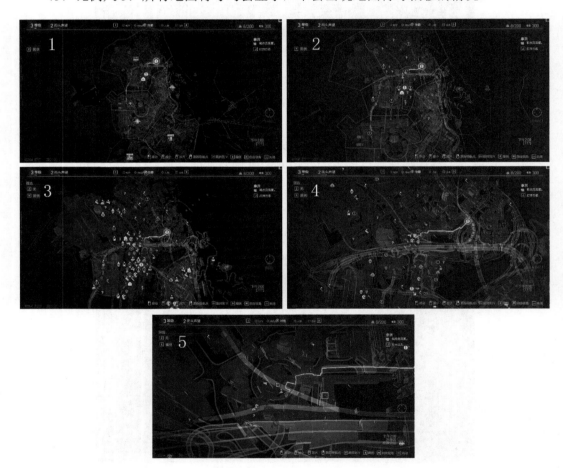

图 3-18 《赛博朋克 2077》不同比例尺的全局地图

**4）压盖与重叠情况**

《赛博朋克 2077》的全局地图会出现压盖与重叠的情况，根据地图符号之间的关系可以分为三种类型，分别是正六边形排列、部分重叠和完全重叠。

a. 正六边形排列

正六边形排列通常出现在小比例尺全局地图和地图符号密集的全局地图中。如果地图符号显示精确位置，全局地图可能会显得十分混乱。因此，在《赛博朋克 2077》的全局地图中，采用了正六边形依次排列的方式来显示地图符号的位置（图 3-19）。尽管地图符号的位置会进行相应调整，与实际位置存在一定偏差，但这种排列方式可以有序且清晰地显示所有地图符号。

图 3-19　地图符号正六边形排列

b. 部分重叠

部分重叠是指地图符号之间部分压盖的情况，这种情况一般发生在《赛博朋克 2077》的大比例尺全局地图中。如果地图符号相距较近，并且周围其他地图符号较少，那么地图符号就会采用这种模式，在这种模式下，玩家既能够准确分辨地图符号，地图符号位置和实地位置又十分契合（图 3-20）。

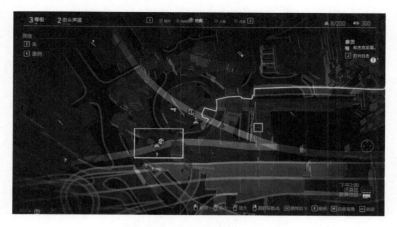

图 3-20　地图符号部分重叠

c. 完全重叠

完全重叠是指地图符号之间完全重合的情况，又可以分为两种情况，一种是相同地图符号的完全重叠，另一种是不同地图符号的完全重叠。

（1）相同地图符号的完全重叠。相同地图符号的完全重叠一般出现在《赛博朋克2077》小比例尺的全局地图上，由于在一定区域内，有多个相同地图符号，但是在小比例尺的地图上全部显示会显得十分冗杂，因此用一个地图符号代表多个相同地物，并且在图例的正下方表明地物数量。图 3-21 所框选的范围内可以看到有两个快速移动、两个犯罪举报、四个支线任务、七个发生袭击案件。

图 3-21　相同地图符号的完全重叠

（2）不同地图符号的完全重叠。不同地图符号的完全重叠一般出现在《赛博朋克2077》大比例尺的全局地图上，这往往是由于一个 NPC 对应游戏内的多种地图符号，为了同时显示这些地图符号及其精确位置，而采用了完全重叠的方法。图 3-22 所框选的范围内可以看到支线任务地图符号和网络黑客地图符号完全重叠。

图 3-22　不同地图符号的完全重叠

**5）高度显示**

《赛博朋克 2077》的全局地图可以在一定程度上反映高度，但这个高度并不是一个精确的数值，玩家只能粗略地感受到建筑物的高度。而且《赛博朋克 2077》的全局地图并不是传统的 2D 模式，而是基于 2D 与 3D 之间的 2.5D，这种 2.5D 模式让全局地图有一定的立体感，再通过颜色明暗来区分不同高度的建筑物，从图 3-23 可以十分明显地看出：

（1）高度较大的建筑颜色更加明亮，在全局地图上使用鲜红色表示，相反高度较小的建筑颜色更加昏暗，在全局地图上使用暗红色表示；

（2）建筑的立体面使用鲜红色标示出，让玩家产生立体感，同时也能感受到不同建筑具有不同高度，越高的建筑，它的立体面越大。

图 3-23　《赛博朋克 2077》的高度显示

**6）导航功能**

《赛博朋克 2077》的全局地图拥有导航功能，当玩家确定自己的目的地后，通过全局地图的导航功能，能够快速确定前往目的地的最短路径（如图 3-24），极大地节省玩家在找路时消耗的时间。玩家可以通过鼠标右键选择地图符号或者自行设置目的地作为终点进行导航，并且被选中为终点的地图符号会用对应颜色的正六边形框选。

并且玩家可以设置两个终点，分别为任务终点和其他终点。

（1）任务终点，它只能够将目标设置为主线任务、支线任务、未发现这三类图例，任务终点不可取消，只能更换，也就是说游戏的全局地图上必须存在也只能存在一个任务终点，而且该终点在玩家完成对应的任务后会自动选择到主线任务；

（2）其他终点，它可以将主线任务、支线任务、未发现这三类图例之外的其他地图符号作为目标，或者由玩家在全局地图上任意选择一个地点作为终点，其他终点可以取消或更换。

图 3-24　终点被正六边形框选

另外，为了区分终点，不同终点对应的路线会使用终点地图符号的颜色标示出。例如，任务地图符号的路线用黄色表示，开放世界地图符号的路线用青色表示（图 3-25），玩家自行设定目的地的路线用白色表示等（图 3-26）。

图 3-25　以青色地图符号为终点

图 3-26　以玩家自行设定目的地为终点

**7）筛选功能**

《赛博朋克 2077》为玩家提供了全局地图符号的筛选功能。如图 3-27 所示，玩家在游戏过程中可能会随时改变目标，有时想体验游戏剧情，有时想探索地图，有时则希望与敌人战斗。然而，大量复杂的地图符号使得玩家选择目的地的操作变得困难。通过全局地图的筛选功能，玩家可以在无、任务、交货点、服务点、快速移动、开放世界中进行切换，切换后全局地图上只会显示玩家所选择类型的地图符号，其余符号将会被隐藏，这样能够帮助玩家快速方便地寻找到自己的目的地。

（1）无：即不进行筛选，是《赛博朋克 2077》全局地图的默认模式，会显示所有地图符号；

（2）任务：会显示黄色地图符号，包括主线任务、支线任务、未发现；

（3）交货点：会显示白色地图符号中的交货点；

（4）服务点：会显示除交货点外的白色地图符号，包括标记地点、V 的车辆、公寓、服装、义体医生、网络黑客、武器店、近战武器商贩、医疗点、饮食、酒吧、垃圾商店等；

（5）快速移动：会显示蓝色地图符号中的快速移动点；

（6）开放世界：会显示青色地图符号，包括中间人、客户、NCPD 警用频道案件、发生袭击案件、有组织犯罪活动嫌疑、犯罪举报、目击赛博精神病、塔罗牌。

图 3-27  筛选任务地图符号

### 3.1.3  鹰眼地图

鹰眼地图可以理解为全局地图的一个切片，即只展示玩家控制角色及附近要素的"全局地图"的一部分。鹰眼地图又称鸟瞰图或缩略图等。

鹰眼地图通常在游戏画面的角落，以玩家位置为中心并显示玩家所操控的角色或物体目前行进的方向，辅助玩家确定自己所处位置和获取附近一定范围内信息的地图（图

3-28 红色区域所示），地图所示范围能随着玩家移动而移动，它包含以下内容：

（1）图廓：鹰眼地图的范围界限，《赛博朋克 2077》的鹰眼地图轮廓是一个四边形框，能够显示玩家附近一定区域的信息。

（2）地图符号：表示玩家附近一定区域的各种事物现象的图形、色彩、数字语言和注记的综合，距离玩家较远的地图符号会显示在鹰眼地图轮廓上。

（3）地图底图：游戏鹰眼地图中承载玩家附近一定区域信息的基础，比全局地图更加详细。

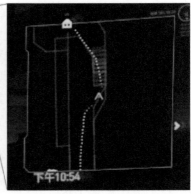

图 3-28　《赛博朋克 2077》中的鹰眼地图

鹰眼地图的表现有两种形式：

（1）以游戏全局地图的主方向为固定方向，鹰眼地图本身不旋转，旋转的为指示玩家方向的指针。这类鹰眼地图的表现形式以《尼尔：复制体》为代表，如图 3-29 所示。

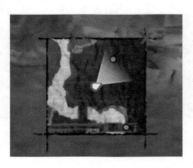

图 3-29　《尼尔：复制体》中的鹰眼地图

（2）以玩家行进方向为固定方向，根据玩家行进方向转动鹰眼地图。

鹰眼地图与全局地图的区别主要有：①鹰眼地图显示在整个游戏画面的一角，不会对游戏画面造成太大遮挡。②鹰眼地图在地理范围上是当前所在场景地图所对应的全局地图的一个切片，但通常会对其对应的地理信息展示进行简化与综合。

**1. 游戏鹰眼地图的符号化**

鹰眼地图在广义上可以理解为全局地图的一部分，但与其又有一些不同。鹰眼地图通常位于整个游戏画面的一角，辅助玩家在场景地图中的行动。

相比起全局地图，鹰眼地图的比例尺通常是固定不变且较大的，有助于玩家确认附近的详细情况。

**1）道路的符号化**

在道路的符号化上，鹰眼地图与全局地图的不同在于：由于玩家的需要，鹰眼地图中的道路基本都会依比例尺符号化，以显示详细的路况信息。表 3-5 列出了鹰眼地图中道路的符号化特征，鹰眼地图中的道路大多数情况均表示为依比例尺道路，只有较细的路径或绳桥一类会被符号化为半依比例尺道路，而不依比例尺道路符号形式通常不会用来表示鹰眼地图中的道路。

表 3-5　鹰眼地图中道路的符号化

| 类型 | 特点与符号化方式 |
| --- | --- |
| 依比例尺道路 | 鹰眼地图中的道路几乎全部为依比例尺道路 |
| 半依比例尺道路 | 鹰眼地图中偶尔会有较细的路径或绳桥一类会被符号化为半依比例尺道路 |
| 不依比例尺道路 | 鹰眼地图中通常没有不依比例尺道路 |

**2）大型地物的符号化**

由于鹰眼地图的显示范围有限，通常无法完整地展示大型地物的全貌。因此，在鹰眼地图中，对大型地物的符号化通常采用简化的、依比例尺的方式，但对重要地物的符号化细节会略微丰富一些（表 3-6）。

表 3-6　鹰眼地图中大型地物的符号化

| 类型 | 特点与符号化方式 |
| --- | --- |
| 大型重要地物 | 鹰眼地图中的大型地物通常被依比例尺地、简化地进行符号化。重要地物的细节可能会 |
| 一般大型地物 | 略微丰富一点 |

**3）独立地物与特殊要素的符号化**

独立地物与特殊要素是游戏中对于位置和地图需求非常高的一类要素。表 3-7 表达了独立地物符号化信息。鹰眼地图中，独立地物与特殊要素统称为特殊目标点，这些特殊目标点通常以类似于全局地图的形式在地图上表示，部分游戏会在鹰眼地图外侧表示这些特殊目标点基于玩家目前位置的大致方向。如图 3-30 所示的鹰眼地图中，场景地图中的 NPC 在鹰眼地图中被表示为灰色小点，以便于玩家判断自己所处的位置。

表 3-7　全局地图中独立地物的符号化

| 类型 | 特点与符号化方式 |
| --- | --- |
| 具有重要功能性的独立地物 | 将这些要素统称为特殊目标点，鹰眼地图中会在地图中以与全局地图中类似的形式表示这些特殊目标点，部分游戏会在鹰眼地图外侧表示这些特殊目标点基于玩家目前位置的大致方向 |
| 一般独立地物 | |
| 具有重要功能性的 NPC | |
| 其他游戏玩家 | |

图 3-30　鹰眼地图独立地物与特殊要素的符号化

**4）地图符号的分析**

在《赛博朋克 2077》中，鹰眼地图中的地图符号可以根据其显示的地方不同进行分类，可以分为以下两种：

（1）鹰眼地图轮廓内的地图符号，这类地图符号出现在玩家周围一定范围内，距离玩家较近；

（2）鹰眼地图轮廓外的地图符号，这类地图符号出现在玩家周围一定范围外，距离玩家较远，并且当玩家向这种地图符号靠近时，它会由鹰眼地图轮廓外的地图符号转变成为鹰眼地图轮廓内的地图符号。

图 3-31 中的主线任务符号为鹰眼地图轮廓内的地图符号，它显示在鹰眼地图轮廓内，反映玩家与目标间的真实距离；而 V 的车辆符号为鹰眼地图轮廓外的地图符号，它无论离玩家多远，总是显示在鹰眼地图的轮廓上。

图 3-31　鹰眼地图上的地图符号

此外，鹰眼地图上的地图符号可以显示它与玩家之间的高度差，如果地图符号所在位置高于玩家所在位置，在地图符号上方会出现一个向上的箭头，如果地图符号所在位置低于玩家所在位置，在地图符号下方会出现一个向下的箭头（图 3-32）。

图 3-32　鹰眼地图上的地图符号显示高度差

**2. 游戏鹰眼地图的功能**

鹰眼地图相比全局地图更加简洁、实用，它辅助玩家以"上帝视角"提取游戏信息。鹰眼地图虽然仅占据游戏屏幕极小的空间，却提供了相当丰富的信息。鹰眼地图不仅可以帮助玩家根据队友和视野内敌人的位置快速分析战况信息和查看资源分布等，还能清晰展现区域划分，具备导航功能。

**1）区域的连通**

游戏的场景地图会对一个区域进行划分，例如一栋建筑物会被划分为若干楼层。然而，场景地图和全局地图一般显示较大范围的信息，不会体现这种区域的划分，而在鹰眼地图则可以显示出这种区域的划分，帮助玩家了解自身周围情况。

在《赛博朋克 2077》中，建筑物内往往会出现较多的区域连通的情况，一般建筑物内的楼梯和电梯就是小区域之间的连通点，玩家可以通过鹰眼地图来观察自身所处建筑内区域的连通，具有以下特征：

（1）拥有清晰明显的符号，楼梯在鹰眼地图上使用若干等间隔的线段表示，楼梯越长、等间隔线段越多，玩家可以轻松分辨楼梯的位置。

（2）如果玩家身处一个楼层中，鹰眼地图展现玩家所在楼层的所有信息，并且可以看到所有上行和下行的楼梯。

（3）如果两个楼层之间是完全的上下层关系，即两个楼层的垂直投影面重合，那么当玩家从一个楼层通过楼梯前往下一个楼层时，鹰眼地图最先显示玩家当前所在楼层的信息，在通过楼梯后，鹰眼地图显示玩家前往的下一楼层的信息，原先所在楼层的信息被覆盖（图 3-33）。

（a）

（b）

图 3-33　鹰眼地图信息的覆盖

（4）如果两个楼层之间不是完全的上下层关系。即两个楼层的垂直投影面不重合，那么当玩家从一个楼层通过楼梯前往下一个楼层时，鹰眼地图最先显示玩家当前所在楼层的信息，在通过楼梯后，下一楼层的信息会叠加到原先所在楼层的信息上（图 3-34）。

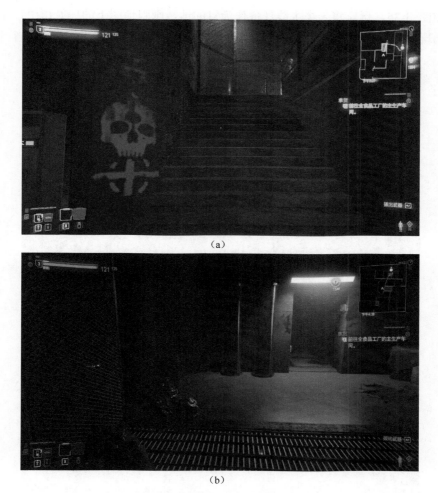

（a）

（b）

图 3-34　鹰眼地图信息的叠加

**2）导航功能**

鹰眼地图上的导航是对全局地图导航细节的补充，它能够从全局地图导航路线中提取玩家附近的部分，并进行更为详细地显示。一般来说，全局地图的导航只能够显示大致方向和比较模糊的导航路线，玩家能够从全局地图上搜寻自己的目的地及其大致位置，但往往会忽略许多细节，例如小道、楼层等，因此不能够真正指引玩家到达目的地，特别是当目的地在室内的情况下。但是鹰眼地图的导航功能能够胜任这些工作，鹰眼地图的导航具有以下特点：

（1）能够显示场景地图中的细节信息；

（2）导航路线分阶段显示；

（3）确认附近目标位置。

例如图 3-35，玩家将一个主线任务作为目的地，鹰眼地图上的导航指引玩家打开房间门，当玩家完成打开房间门这一步骤后，导航线路也随之更新，直到玩家前往目的地。

图 3-35  导航路线分阶段显示

部分地图会在鹰眼地图外侧展示一些特殊目标点或玩家标注目标点的位置。这时，虽然玩家在鹰眼地图上不能完全确认自己与目标点之间的具体路径，但可以大致确定前进方向（图 3-36）。

图 3-36　指明远距离目标地点大致方向

如图 3-36 中，右下角的鹰眼地图上，右上的红叉代表着玩家应该前往的方向。但在鹰眼地图边界的红叉与主角的距离并不代表真实的距离，它只是提示一个方向。

### 3.1.4　游戏场景地图与玩家的关系

在游戏中，场景地图与玩家之间是相互影响的，场景地图影响并指引玩家在游戏中的行为；同样地，玩家的行为也能够改变并改造场景地图。

#### 1. 场景地图对玩家的影响

场景地图对玩家的行动会有一定的指引作用。游戏设计师设计出巧妙的场景地图，并将自己的意志投入其中，希望玩家在一定程度上按照开发者的意志进行游戏，但也给玩家保留了自由行动的空间。玩家在场景地图中探索游玩时，总是会不自觉地陷入开发者的这种"陷阱"中来，按照开发者设计好的基本路线进行游戏。

#### 1）敌人设置

在《赛博朋克 2077》中，不同游戏区域中的敌人等级存在明显差距。当玩家的等级高于或等于敌人的等级时，他们可以相对轻松地完成场景地图的探索任务；反之，当玩家的等级低于敌人的等级时，探索场景地图可能会受到一定阻碍，等级差距越大，探索就越具有挑战性，这意味着玩家的实力还需要提高，需要暂时离开当前区域去提升等级和装备。在部分游戏中，可能会采用低等级玩家无法进入高等级场景地图的方式来限制玩家的获得，而在《赛博朋克 2077》中，虽然有一定的限制和困难，但是玩家仍是可以在低等级时进入高等级场景地图，这极大地增加了玩家行动的自由度。

### 2）NPC 引导

在游戏的场景地图中，尤其比较复杂的场景地图中，仅靠玩家自己的力量很难完成独立探索，所以经常会用到 NPC 指引的模式来引导玩家的行动，在《赛博朋克 2077》中，常常会出现跟随 NPC 的任务，在这一任务中，玩家需要跟随 NPC 从场景地图的一处前往到另一处（图 3-37）。玩家只需要简单地跟踪 NPC 就能够前往目的地，而不需要探索复杂的场景地图，节省了大量的时间。当然，玩家也能够暂时忽视 NPC 的引导，对场景地图进一步探索。另外，这种模式还与游戏剧情的发展有一定的关系，它往往会伴随着游戏中的任务。

图 3-37　NPC 引导

### 2. 玩家对场景地图的影响

在《赛博朋克 2077》中，玩家对场景地图的影响往往体现在对场景地图的破坏和添加上。

#### 1）玩家对场景地图的破坏

玩家可以对游戏场景地图中的部分掩体、玻璃、障碍物等进行破坏，但是也存在无法破坏的物体，如《赛博朋克 2077》中约 7 成的场景可以被玩家破坏。玩家对场景地图中物体的破坏分以下四种形式：

（1）物体表层破坏：物体表层破坏是指玩家仅仅只能破坏物体的表层，物体本身仍然保持基本结构，这种破坏形式一般出现在建筑物的表层上。图 3-38 是《赛博朋克 2077》大帝国商场内部，玩家使用武器对场景地图中的一根柱子进行破坏，可以看出这根柱子的表层已经脱落，但是仍然保持着它的基本结构，无法进行进一步破坏。

（2）物体位移：物体位移是指玩家将物体的连接处进行破坏，造成物体的移动，但是物体本身仍然是完好的，这种破坏形式一般出现在坚硬的路障上。图 3-39 是《赛博

图 3-38　物体表层破坏

（a）

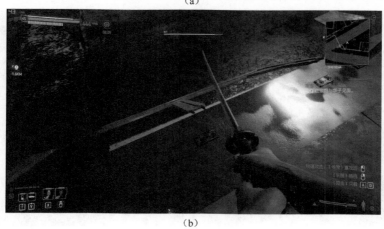

（b）

图 3-39　物体位移

朋克 2077》的一处街道，街道两侧有铁质的护栏，玩家虽然不能将护栏本身进行扭曲、损伤等破坏，但是能把护栏推倒，改变护栏位置。

（3）不保留碎片的破坏：不保留碎片的破坏是指玩家能够将物体完全破坏，并且破坏后不会保留任何碎片，物体在被破坏后就完全消失了，这种破坏形式一般出现在较小的物体上，例如玻璃瓶、报纸、海报等。图 3-40 是《赛博朋克 2077》的一沓海报，在对海报进行破坏时，可以看到大量纸屑的飞溅，在飞溅之后纸屑完全消失。

（4）保留碎片的破坏：保留碎片的破坏与不保留碎片的破坏相反，指玩家破坏物体后，会产生部分碎片遗留在原地，这种破坏形式一般出现在较大的物体上，例如桌子、椅子等。图 3-41 是《赛博朋克 2077》的一处小吃摊，玩家可以将小吃摊的桌子破坏，但是桌子在被破坏后仍然有部分碎片保留。

在对《赛博朋克 2077》的高级玩法设计师 Pawel Kapala 的采访中，他称："我们非常重视游戏中的可破坏环境，例如你在酒吧进行枪战，你会看到玻璃杯爆炸，或是啤酒

（a）

（b）

（c）

图 3-40　不保留碎片的破坏

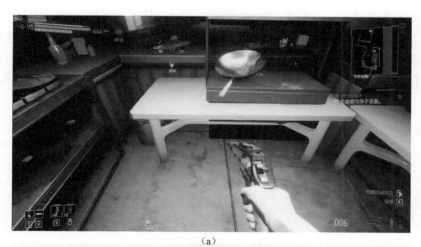

（a）

（b）

（c）

图 3-41　保留碎片的破坏

瓶在子弹的撞击下破碎。我们希望能有这样的感觉：基本上当你完成一场枪战后，作为战场的地方就被摧毁了。"玩家对场景地图的破坏，增强了游戏的真实感，让玩家感觉到自己的攻击是带着力量的，自己的行为和活动是能够改变周围环境的。当玩家使用武器击中物体时，物体会伴随着破坏、粉碎等多种不同形式的反馈，让玩家仿佛真正地置身在游戏之中。

**2）玩家对场景地图的添加**

在《赛博朋克 2077》中，玩家对场景地图的添加的实例相对较少，在主人公 V 的公寓中，玩家可以将一些摆件和武器添加到房间或武器收藏库中（图 3-42、图 3-43），体现了玩家对场景地图的影响。这可以激发玩家在游戏中的收集欲望，鼓励玩家进行细致的探索。

图 3-42　游戏初期主人公 V 的武器收藏库

图 3-43　游戏后期主人公 V 的武器收藏库

## 3.2　游戏地图类别与风格

### 3.2.1　游戏地图类别

在游戏中，玩家与场景地图的交互是十分重要的一部分。玩家所控制的物体或角色的大部分行为都在场景地图中进行，玩家与场景地图的交互的设置与安排穿插于游戏整体中，为玩家提供提示或反馈，推动游戏进程的前进。因此在这里用场景地图的交互性为其进行分类。

**1．无交互性场景地图**

无交互性场景地图即完全没有交互性的场景地图。游戏的场景地图仅仅是一个背景板，最主要的功能是提供玩家行动的空间，有时会帮助营造整个游戏的氛围。如图 3-44所示的横版格斗游戏的场景地图就是一种典型的无交互性场景地图。无交互性场景地图可能会对玩家产生单向的引导或提示，但玩家除了在游戏开始前对该类场景地图进行选择外，不可以主动对其进行任何互动，不能改变、不能移动，也不能破坏。

**2．弱交互性场景地图**

在弱交互性场景地图中，玩家与场景地图之间可以进行少量，但形式相对固定的一些交互行为。拥有弱交互性场景地图的游戏一般为单核心游戏（只有一个主要的游戏形式或者说玩法），而玩家与场景地图的交互会根据其核心要素展开。下面的内容中将会根据游戏的类型举出一些通常拥有弱交互性游戏的示例。

**1）竞技游戏的场景地图**

竞技游戏包括玩家对玩家（player versus player，PVP）和玩家对环境（player versus

environment，PVE）两种形式。如图 3-45 就是一种 PVP 竞技游戏《糖豆人：终极淘汰赛（Fall Guys：Ultimate Knockout）》的场景地图，玩家与玩家之间存在着一定的竞争关系。

竞技游戏的场景地图通常有以下几个特点：

（1）每一局游戏可以有不同的场景地图。在竞技游戏中，场景地图即为这场竞技的"比赛场地"。在每场竞技游戏中，玩家不能更换场景地图，需要在同一场景地图中决出胜负。然而，在多场独立竞技之间，玩家可能会主动或被动地进行场景地图的选择和更换。图 3-46 是同一局游戏中不同的两幅场景地图，分别代表两个关卡。

图 3-44　《拳皇 94》的场景地图

图 3-45　《糖豆人：终极淘汰赛》的场景地图

图 3-46　同一局游戏中不同的场景地图

（2）在固定模式的基础上展开的交互形式。同一款竞技游戏一般会提供多个场景地图供玩家选择和体验，不同的场景地图可能呈现出完全不同的交互形式，但是所有交互形式都需要建立在游戏的核心要素上，通常不会超出核心要素所框定的这个范围。

（3）场景地图的大小有限且空间上连续。在竞技游戏中，一场独立的"竞技"在游戏开始时便已确定了场景地图。这个场景地图在空间上连续，整场游戏中各个玩家抑或是非玩家角色（NPC）都不会跳出这个场景地图到达其他场景地图。同时这个场景地图的大小是比较有限的，它限制了各个玩家或 NPC 活动的范围。这个特点与竞技游戏本身的特性相关，如果场景地图的范围过大，玩家和 NPC 想要找到对方将变得十分困难，这对于"竞技"而言将显得不利，同时也会降低玩家的游戏体验。

例如，FPS 游戏的核心在于移动和瞄准射击，因此其场景地图的关键在于关卡的地形构造。好的场景地图应巧妙设计可供躲藏的地方，精心规划十字路口、走廊和建筑物等元素。此外，玩家与场景地图的交互通常是弹药补给、装备更新，以及快速移动等能够提升角色能力和机动性的方式，较少存在不对战局产生任何影响的纯收集要素。

**2）建设类游戏的场景地图**

建设类游戏中，玩家通常扮演工程师的角色，在一个几乎完全空旷的地图上自由建设建筑物，甚至可以通过改变地形的凸起和凹陷来修建河道或挖掘湖泊。如图 3-47，玩家可以自己设计过山车游乐场的设施。建设类游戏的交互较为单一，通常集中在对场景地图的改动和设计。场景地图对玩家的影响主要是基于玩家此前在这片空地上的地物排布。部分建设类游戏可能还会加入一些经营要素，对玩家的决策造成一定的影响并提供一些额外的交互形式。

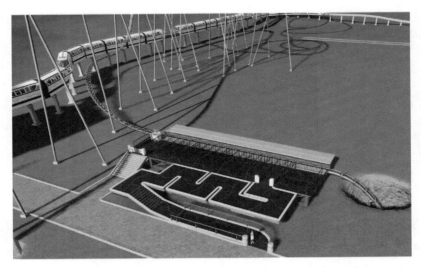

图 3-47 《过山车之星（Planet Coaster）》的场景地图

**3）横版过关游戏（平台游戏）的场景地图**

在横版过关游戏中，场景地图由一个个跳台组合而成。此类游戏中通常有明确的前进方向，玩家的行动主要是在各个跳台上移动以到达目的地并打倒最终 BOSS（游戏中首领级别的守关怪物）。场景地图所有的交互都是为了促进或是阻碍玩家的前进，或是展示一些游戏的剧情。如图 3-48 是《超级马力欧兄弟 2（Super Mario Bros. 2）》中游戏场景。

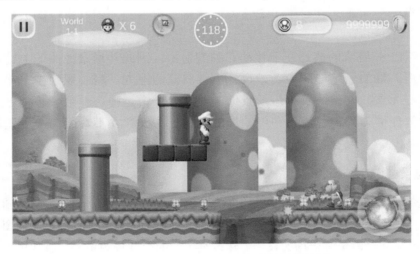

图 3-48 《超级马力欧兄弟 2》中的场景地图

**4）弹幕射击游戏的场景地图**

弹幕射击游戏多为竖版，其场景地图通常为一片完全空旷的空间（例如天空或是宇宙）。玩家需要在这片空间中躲开敌方单位的子弹，并对静止或移动的敌方单位展开攻击并将其摧毁，如图 3-49，左侧游戏画面中最下方的主角需要躲开满屏的弹幕。此外玩家与弹幕射击游戏的场景地图的互动还包括捡拾道具、恢复药与装备等。

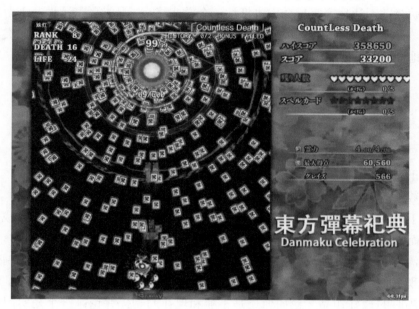

图 3-49　《东方辉针城（Double Dealing Character）》的场景地图

### 3. 强交互性场景地图

拥有强交互性场景地图的游戏通常为多核心游戏，即游戏拥有多个主要的玩法。有些游戏会根据游戏的进程、玩家获得道具等增加新的玩法和游戏核心，而增加了新的玩法和游戏核心即意味着和场景地图交互类型的增加。在强交互性场景地图中，玩家的自由度很高，可交互方式多样。

#### 1）ARPG 游戏的场景

动作角色扮演游戏（ARPG）使用剧本来引导游戏的进度，游戏的主线为故事的情节，整个游戏围绕故事线中不可避免的各个剧情点开展。在各个重要剧情节点之间，通常会存在多个游戏环节或关卡，而开展这些游戏环节或关卡的顺序可以由玩家决定。

游戏场景地图的关卡设计可以按线性方式组织，也可以不用线性方式。场景地图的设计本身就是一种叙事性写作，也是一个基于地理和实践进展的系统。它引发了运用在游戏场景地图及其构成物上的各种变化和进展，这些变化和进展也与玩家自身的发展直接相关。

#### 2）沙盒游戏与开放性游戏

开放系统自由度高，给玩家提供多种规则和可能性。这类游戏的场景地图可以由玩家自由探索、尝试，甚至是创造。在开放性游戏系统中，玩家在所处的场景地图中几乎可以与一切环境进行交互，做任何自己想做的事情。

这类游戏并不让玩家竭尽全力去抵达一个游戏终点，只为玩家预设一个游戏展开的背景框架，在这个框架上允许玩家自由地决定游戏的进度和方向。因此，此类游戏中玩家与场景地图的交互性极强。

### 3.2.2 游戏地图风格

#### 1. 像素风格游戏简介

像素是组成图像的最小单位。所谓像素风格，就是以点、线、方块等为基本元素不断地进行重复组合、排列形成的基本图形，主要用于承载或传递视觉信息。

大多数人对于像素游戏的印象是水平低下且粗糙的。这是因为早期像素风格游戏的形成受制于硬件条件，如 8bit 处理器、单调色彩和低分辨率等，因而难以生成高质量的画面。然而，随着千级分辨率和 64bit 处理器的普及、画面颜色的逐渐丰富，像素风格游戏再次流行起来，究其原因：一方面是向经典致敬，另一方面则是游戏制作者和广大玩家发现了像素化的游戏独特的魅力。虽然是像素风格的游戏，但是有了现代技术的支持，当时的最好作品无论如何还是不能和现在的相提并论：一个是实用性，一个是艺术性。

现代像素化游戏主要和 3D 技术相结合，形成独特的现代艺术化像素风格。以新的单位即 3D 像素为基础，构建极简主义的游戏场景。既显示了 3D 画面，又不受硬件性能的约束，还实现了畅快的游戏体验。

像素类游戏地图中，最具代表性的莫过于《我的世界》。该游戏的基本元素是 $1m^3$ 的方块，这些方块形成的点阵画面能够清晰地呈现出构成世界的每一个物质的单位和尺寸，使玩家能够精确地创建和衡量世界，同时培养他们的严谨性。

《我的世界》区别于其他游戏的最大的特点就是"创造"，可以将它看作是一个第一人称地图编辑器或者一款强大的建模工具。玩家在《我的世界》中能够充分发挥自己的想象力和创造力，来建造属于自己的"王国"。场景地图上的一些基本地理元素或者地物，如山脉，港湾、城市等，都可以通过收集相应的材料来建造。诸如有玩家在《我的世界》建造出了一座 NASA 大楼，还精细还原了大楼内外的场景等（图 3-50）。《我的世界》的强大性还在于能够实现很多现实中很难实现的部分。如韦伯望远镜的主反射镜由铍制成，18 个镜面都镀了一层金来增强镜面的红外线反射能力，其厚度要通过显微镜才能看到。而闻新教授在《我的世界》中通过使用几款淡色方块就精细还原了望远镜（图 3-51）。

图 3-50　NASA 大楼模型（左）与实景（右）

图 3-51　韦伯望远镜模型（左）与实体图（右）

**2. 魔幻风格游戏简介**

"魔幻"一词最早源于魔幻现实主义。魔幻现实主义是 20 世纪 50 年代的一种揭露社会矛盾、表达政治批判的文学，以荒诞、夸张的写作手法表现现实的扭曲。

随着时代的发展，魔幻逐渐脱离了"揭露社会弊端"这个沉重的内涵，朝着更加娱乐性的方向发展。现代魔幻元素包括怪兽、魔法、超能力、英雄等。然而，不论是哪个时代的魔幻现实主义，其核心主题始终是基于现实世界对个人英雄主义的崇拜。

"魔幻"应用到游戏中，表现为文化软实力，主要是世界观的架构、背景、角色的设计、世界的故事、正邪矛盾等。因此，开发魔幻风格游戏的国家大致可以分为两类：一类是缺乏深厚本土文化历史的国家。这些国家在创作魔幻游戏时可以更灵活地运用想象力，弥补历史文化短板。通常，它们更倾向于融合全球各地的文化元素，将自己的独特想法融入游戏题材中，正如《英雄联盟》中的英雄取材于世界各地。另一类是那些拥有丰富神话传承的西方国家，如希腊，它是世界五大文明发源地之一。这些国家在魔幻游戏的开发可以从丰富的神话传说中汲取灵感，因为西方历史为其提供了丰富的素材选择。

《魔兽世界》是西方魔幻风格的代表。它利用欧美奇幻文化奠定整个游戏的基调，如白银之手骑士团、变迁的城邦式人类王国，然后是请出希腊神话中世界秩序的维持者泰坦来担当创世神，而令克苏鲁神话中上古之神作反派。另外还有北欧神话的设定，如奥杜尔、弗雷亚、风暴之王托里姆（雷神托尔）、霍迪尔（主神奥丁），还有洛肯（邪神洛基）。埃及文明则展示在卡利姆多大陆的最南面的沙漠中，金字塔、方尖塔，以及奥丹姆南面失落之城附近分叉的河流与分布于两岸的农田，正是尼罗河与古埃及文明的发源地——尼罗河三角洲。除此之外，《魔兽世界》中也大量运用了中国特色的设定。如长城（将新大陆帕达利亚分为东西两个部分）、四神兽（青龙、白虎、朱雀、玄牛即玄武）、龙、中国传统建筑（飞檐、大门前的青龙和麒麟石雕等）、神话故事（如后羿射日）、熊猫等。而游戏中还有很多融合的文明，如暗夜精灵的建筑类似中日韩建筑风格，凶猛残暴的半马人是以蒙古人和他们的坐骑为基础虚构的。

### 3. 仿真写实风格游戏简介

写实在文学方面的解释为真实地再现环境和如实地描绘人物。在游戏场景中指在真实的场景基础上，加入游戏本身的主题背景等元素最后形成的真实与艺术并存的场景。

关于画面写实度，每一个游戏都有自己的写实度。写实度有很多影响因素，实际概念类似现实中的"生态系统"，在某个完整的世界观下，生物与环境构成统一的整体，两者相互影响又相互制约，并于一定时间段内处于动态平衡。游戏中的写实度表现为游戏世界的文化背景、世界观的完整性，以及各种族与环境、NPC 与环境、各种族与 NPC 之间的交互性。如《魔兽世界》作为一个写实度很高的游戏，不仅构建了一个鲜活的魔幻世界，而且塑造了非常完整的世界观与现实元素。

而仿真写实类是指接近现实但由于背景需要或者技术问题而还未达到现实的级别，相当于基于不同背景的现实的还原类型。其人物写实，有夸张但合理的元素，贴图和材质仿真。现代的仿真写实游戏已经成为热门，因为这是最贴合我们现实世界的一类游戏，如《侠盗猎车手（Grand Theft Auto，GTA）》就是以真实城市和文化背景构建的世界观，2017 年风靡全球的《绝地求生（Player Unknown's Battle Ground，PUBG）》场景仿真度很高，还有一款媲美于 VR 高仿真军事模拟游戏——《武装突袭 3》，它各方面的模拟都已经到了 3D 游戏的领先水平。

（1）表 3-8 列出了 GTA 系列模仿美国各城市对应的地点。

表 3-8　GTA 系列的背景城市与现实城市对应表

| GTA 系列名称 | 游戏地点 VS 现实地点 | 画面 |
| --- | --- | --- |
| 侠盗猎车手 1 | 设定在三个虚构的城市里：自由城、圣安地列斯和罪恶都市 | 2D |
| 侠盗猎车手 2 | 设定在没有命名的复古现实主义的美国城市 | 2D |
| 侠盗猎车手 3 | 设定在自由城 | 3D |
| 侠盗猎车手：罪恶都市 | 设定为 1986 年罪恶都市，对应美国城的迈阿密 | 3D |

| GTA 系列名称 | 游戏地点 VS 现实地点 | 画面 |
|:---:|:---:|:---:|
| 侠盗猎车手：圣安地列斯 | 剧情基于 1992 年洛杉矶内乱及帕特分局丑闻，地图涵盖三个城市：洛圣都（Los Santos）——以洛杉矶为原型，圣辉洛（San Fierro）——以旧金山为原型，拉斯云组华（Las Venturas）——以拉斯维加斯为原型 | 3D |
| 侠盗猎车手：自由城故事 | 设定在 1998 年的自由城，原型为纽约 | 3D |
| 侠盗猎车手：罪恶城故事 | 设定在 1984 年的罪恶都市，对应美国城的迈阿密 | 3D |
| 侠盗猎车手 4 | 设定在自由城，原型为纽约 | HD |
| 侠盗猎车手：血战唐人街 | 设定在自由城，原型为纽约 | HD |
| 侠盗猎车手 5 | 设定在美国圣安地列斯（San Andreas），其中的洛圣都，原型对应于现实地区中的美国洛杉矶和加州南部 | HD |

（2）波西米亚工作室是直接采用真实的地理数据来制作《武装突袭 3》。其首发地图 Altis 岛的制作灵感来源于希腊的 Lemnos 岛，据官方介绍，Stratis 岛是以 1∶1 比例复制的爱琴海北部的希腊圣埃夫斯特拉蒂奥斯（Agios Efstratios）的真实地形地貌（图 3-52）。

（a）

（b）

（c）

图 3-52　《武装突袭 3》Stratis 岛及周边景色（左）与实际（右）对比

（3）2017 年最受欢迎的大陆网游莫过于《绝地求生》。其中，绝地岛地图以现实世界克里米亚小岛为原型（图 3-53），岛上的建筑设施参考了苏联 20 世纪 50 年代的粗野主义建筑风格，呈现出浓厚的苏联气息。第二张沙漠地图则是取材于具有沙漠、黑帮等西部特色的墨西哥。新地图"Savage"是东南亚热带风情海岛图，灵感源于泰国森林，岛上的木屋、棕榈树、平房和神庙等都极具东南亚风格（图 3-54）。该地图还包含洞窟元素，灵感来自泰国三百峰国家公园的帕亚那空山洞（Phraya Nakhon Cave）。为了更真实地呈现这些场景，《绝地求生》的美术团队亲自前往实地进行了调研，采用摄影测量技术，对每个对象物体的各个角度进行拍摄，并在后期进行了亮度和对比度调整等精细化处理，以便将现实世界物体或区域转换成 3D 物品。在地图设计方面，Savage 地图上全图路线相互连接，这将整个区域都连接起来，紧密地形成一个整体，并且更方便玩家对整个岛屿的尽情探索和不同战术的制定。

图 3-53 《绝地求生》实地取材（左）与游戏建模（右）

图 3-54 《绝地求生》洞窟实景（左）与游戏场景（右）对比

### 4. 动画片风格游戏简介

动画片风格游戏曾经的定位是儿童市场，然而随着知识多元化的发展，现代二次元文化已经得到越来越广泛的认可，年龄跨度也变得更加广泛。尤其是在日本，动漫文化备受瞩目，日本的 ACG（动画、漫画、游戏）已经发展成为一种成熟的文化形态，面向的受众跨足各个年龄段。

动画片风格的游戏最大的特点就是不易过时，因为永远都会有不同年龄段的人适合或喜欢这类动画片。与此同时，随着时代的发展，动画片风格的游戏也在不断进步。这类游戏的场景通常比较简洁，并运用夸张的视觉元素来表现人物性格。

《塞尔达传说》是一个虚构世界观的故事。《塞尔达传说：旷野之息（The Legend of Zelda: Breath of the Wild）》是《塞尔达传说》系列的第四部神作。与《上古卷轴（The Elder Scrolls，TES）》《GTA》等开放世界沙盒游戏迥然不同，它构建了一个虚构的世界，场景设计融合了日本动画片（Anime）和外光派（Plein-Air）风格。在《塞尔达传说：旷野之息》中，尽管故事本身是不真实的，但却具有极强的游戏代入感，因为现实元素深刻地融入游戏的细节之中，给人一种海拉尔大陆地是真实存在的感觉。

动画片风格游戏的场景地图渲染通常采用卡通渲染，卡通渲染有很多优点：①渲染量小，无须计算全局光和环境光遮蔽及复杂的材料反射，减轻硬件负担；②相比写实风格，不易过时。而同时又加入了外光派的风格，用笔触感、大色块、大胆鲜明的颜色搭配、夸张的手法来展现荒野场景。

**5. 卡通魔幻竞技类风格地图类型简介**

现在竞技游戏是游戏未来发展的趋势，国内电竞主要分为三类，即格斗竞技、推塔竞技和打枪竞技，其中的推塔竞技目前处于领军地位。目前最受欢迎的推塔竞技类游戏主要是《英雄联盟》和《DOTA2》，一个代表商品化和最大受众，一个代表艺术品和经典，两者都是卡通魔幻风格的游戏，这种类型适合全年龄段的人。

《DOTA2》的地图是根据《魔兽争霸Ⅲ》及扩展版本冰封王座中的一张自定义游戏地图——守卫遗迹（Defense of the Ancients，DotA）制作的，最初是基于起源引擎的 DOTA 美术风格。

《DOTA2》原画设计和游戏画面高度统一，对于各大英雄的设计非常用心，根据众多调研的资料，力求鲜明地突出每个英雄背景与性格，细节丰富，人物逼真，噬魂鬼［图 3-55（a）］和齐天大圣［图 3-55（b）］。利用 DOTA 出色的引擎将原画中设计的诸如英雄形象、建筑地物、NPC、场景［图 3-55（c）］等都还原出来。

如果说《DOTA2》的场景地图是艺术品，那么《英雄联盟》地图就偏"商品化"，每一次的地图更新，变化的基本都是特效、清晰度，以及地图与英雄的互动。而《DOTA2》则是为作品负责，以人为本：地图的变动，基本都是功能性的变动，可以影响整个战场局面、打法，甚至游戏节奏。不仅改变一些突出问题，还给玩家带来新的体验。但是缺点是玩家还要费力去适应新地图，而《英雄联盟》则不用，它是为玩家服务的。

《DOTA2》的地图设计如图 3-56 所示：

(a) 噬魂鬼                                    (b) 齐天大圣

(c) 场景

图 3-55 《DOTA2》中的形象设计

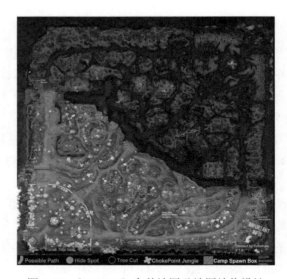

图 3-56 《DOTA2》全貌地图及地图地物设计

　　双方基地呈直角分布在地图的两端，由三条小路连接，小路上分布小兵，在每条小路的末尾由两个兵营建造，分别是一个近战兵营和一个远程兵营。在三条主要小路之间分布着通往森林的小道。在特定的地方会有静止的中立生物。穿越地图中心的是一条长长的河流，它连接了三条小路，在空地上规律地分布着符文。

　　图 3-57 是《英雄联盟》召唤师峡谷（瓦罗然大陆境内少数充斥着高浓度魔法能量的地点，最崇高政治仲裁机构——英雄联盟进行战斗仲裁时所使用之战场）地图的设计。

召唤峡谷是一张 5V5 的多人地图。地图上设计了三条中干道，即所说的上路、中路、下路，道路上设置有很多防御塔，防御塔强度随靠近主城的距离而变化，越近则越强。在场景地图上设置了很多怪物 NPC。召唤师被赋予简单而明确的目标：摧毁敌方的主塔。英雄们必须穿越三条主干道来探索敌方的弱点并且施以重击。

(a) 地图框架　　　　　　　　　　　　(b) 地图全貌

图 3-57　《英雄联盟》召唤师峡谷地图

## 3.3　游戏地图的地理空间建模与可视化

游戏地图的地理空间建模通常是指将现实世界的地理信息转换为游戏世界中的地图和场景，这个过程往往需要使用一系列地图制作工具和技术，例如地图编辑器、地形生成器、模型建模等。通过这些工具，开发者可以创建出逼真的场景和地形，并在其中添加各种地物建筑和物体。

在构建三维世界的过程中，游戏建模起着非常重要的作用，因为它是创建游戏地图上地物建筑的基础。游戏建模的优势在于游戏引擎和其中的地图编辑器模块，两者使得建模简易、周期短、仿真性高、效果显著。游戏引擎主要的功能模块有地图编辑器、关卡编辑器、人物编辑器、资源编辑器。其中游戏地图编辑器，是一种所见即所得的游戏地图制作工具，主要功能包括地图制作和地图资源管理两部分。地图编辑器通过其直观和简易的操作来简化地图的制作过程，如地图中物体摆放、构建和修改地图场景、自动判断遮挡关系，以及设置地图事件等。其资源管理功能使得地图资源可以在多个地图中复用，极大地减少地图制作和修改的工作量。

关于游戏地图可视化，三维游戏引擎总是各种最新图形技术的尝试者和表现者，总是站在图形学技术的最高峰，并不断通过更高的速度、更逼真的效果推动三维技术的发展。当前主流的游戏引擎有 Unreal 系列引擎、Zerodin 引擎、UNITY 引擎、Doom3 引擎、CryENGINE2、3DGame Studio、RenderWare、Gamebryo、Virtools，以及 Source 引擎等。

以用 CryEngine 2 所开发的游戏《孤岛危机（Crysis）》为例，完全把玩家带入了一个近乎真实的世界（如图 3-58）。从图形技术来看，CryEngine 2 包含了光影效果、表面纹理、破坏效果、体积云、即时动态光影、场景光线、海洋技术、景深、动态模糊、半透明渲染、HDR、16 公里大视景等通用技术，同时还包括大量的次世代渲染技：实时照明和动态软阴影，地形 2.5D 封闭环境光地图，法线贴图和视差封闭图，屏空间环境光封闭，次表面散射，线偏振光束与光轴，高级材质球技术等（孙正，2007）。

(a)　　　　　　　　　　　　　　　　　　(b)

图 3-58　《孤岛危机》中的画面：（a）战斗画面；（b）远景画面

游戏引擎的吸引力之一是使用基于物理的算法计算逼真的场景。以 VR 应用程序提供的虚拟场景来协调贴图进行辅助，相比于使用简单的 3D CAD 屏幕或渲染图片，效果几乎是质的飞升。用以下几个例子详细说明。

如《幽灵行动：荒野（Tom Clancy's Ghost Recon：Wildlands）》以玻利维亚为背景，其独树一帜的风景——玻利维亚的红湖（火烈鸟聚集地）（图 3-59）和盐沼（图 3-60）。

《我的世界》是一个强大的建模工具，第一人称地图编辑器。《我的世界》拥有"皮肤"与"材质包"，可以改变游戏中的人或方块、物品、生物和界面外表，从而改变像素画风，使《我的世界》也能够打造仿真的模型。如伦敦博物馆用《我的世界》

图 3-59　《幽灵行动：荒野》中的红湖场景与现实中玻利维亚的红湖

图 3-60　《幽灵行动：荒野》中无雨盐沼场景与现实中天空之境–乌尤尼盐沼无雨盐沼景色

还原 1666 年的伦敦大火现场（图 3-61），95 后玩家团队在《我的世界》中搭建了完整的故宫模型（图 3-62）。

　　未来技术的进步会促使虚拟和增强现实方法成为城市规划工具广泛地应用到地理和体系结构中去。以知识与技术为依托，以虚拟的世界为试验基地，将超现实的梦想编织成可居住的空间，将虚拟的功能化为事实，来改变所生活的现实环境，结合真实数据描述城市的结构，使城市规划更加合理化。游戏地图正是目前构建的成功的试验基地之一。

图 3-61　伦敦博物馆用《我的世界》还原 1666 年的伦敦大火现场

图 3-62　《我的世界》中搭建的故宫模型

# 参 考 文 献

艾廷华. 2016. 大数据驱动下的地图学发展. 测绘地理信息, 41(2): 1-7.

程戡. 2019. 竞技游戏设计实战指南: MOBA+RTS+TCG+FPS. 北京: 人民邮电出版社.

顾群业, 宋玉远, 张光帅. 2012. 游戏艺术设计. 北京: 清华大学出版社.

郭磊. 2018. 游戏与叙事. 艺术科技, 31(5): 291-292.

郭仁忠, 应申. 2017. 论 ICT 时代的地图学复兴. 测绘学报, 46(10): 1274-1283.

韩玮. 2013. 游戏地图寻路及其真实性研究. 重庆: 西南大学.

何文雅. 2009. 3D 游戏场景中虚拟角色的智能寻径应用研究. 武汉: 华中师范大学.

简·麦戈尼格尔. 2012. 游戏改变世界: 游戏化如何让现实变得美好. 闾佳译. 杭州: 浙江人民出版社.

晋国卿. 2013. 游戏开发中智能寻径方法的应用研究. 南昌: 南昌大学.

李龙汰. 2018. FPS 关卡设计. 武传海译. 北京: 人民邮电出版社.

闾国年, 俞肇元, 袁林旺, 等. 2018. 地图学的未来是场景吗? 地球信息科学学报, 20(1): 1-6.

闾国年, 袁林旺, 俞肇元. 2013. GIS 技术发展与社会化的困境与挑战. 地球信息科学学报, 15(4): 483-490.

马克·阿尔比奈. 2018. 游戏设计信条: 从创意到制作的设计原则. 路遥译. 北京: 人民邮电出版社.

孟立秋. 2017. 地图学的恒常性和易变性. 测绘学报, 46(10): 1637-1644.

彭勃, 徐惠宁, 杨洋. 2015. 游戏地图特点分析及对传统地图设计的启发. 地理空间信息, 13(4): 163-164,16.

邱磊, 张辉. 2012. 2D 游戏地图的寻路实现. 湖南工业大学学报, 26(1): 66-69.

孙广宇, 刘海砚, 王志超, 等. 2010. 地图符号的艺术性设计. 测绘与空间地理信息, 33(1): 57-60,65.

孙正. 2007. 三维图形引擎大规模场景实时渲染技术研究与应用. 成都: 电子科技大学.

王家耀. 2000. 信息化时代的地图学. 测绘工程, (2): 1-5.

毋兆鹏. 2001. 浅谈虚拟现实技术对地图学发展的影响. 新疆师范大学学报(自然科学版), (1): 52-55.

徐菲云. 2007. 3D 游戏场景中路径搜索的研究与实现. 成都: 电子科技大学.

余志文, 叶圣涛. 2002. 现代地图学中的虚拟现实. 东北测绘, (3): 18-19.

Anna A, Naomi C. 2016. 游戏巧妙设计探秘. 李福东, 曾浩译. 北京: 电子工业出版社.

Neville D O. 2015. The story in the mind: The effect of 3D gameplay on the structuring of written L2 narratives. ReCALL, 27(1): 21-37.

# 第 4 章　游戏地图的虚与实

　　数字信息技术使人类走向虚实相融的混合空间，传统作为现实世界的抽象和解释工具并辅助人们认识世界的地图面临新的挑战。新形势下，地图需要纳入虚拟空间，进一步思考虚拟/现实带来的影响。本章将利用刻画游戏地图的时间、地点、人物、事物、事件、现象、场景七要素，剖析它们的虚实表现，深入探究虚拟世界的构建与现实的映射关系及虚实互通之处，确定虚拟世界反馈于现实世界的影响，以期丰富地图学理论体系，促进人类规划更加智慧和宜人的社会。

## 4.1　游戏地图虚实结合方式

　　三元空间的提出给地图学指明了新的发展方向，地图学不再局限于仅以物理世界为研究对象，而应进一步拓展对象边界，研究以物理维度上的实体世界、信息维度上的虚拟世界，以及两者所共有的人文空间（郭仁忠等，2018）。信息空间包含网络空间、赛博空间、虚拟空间、社会媒体空间、心理空间等，这种虚拟化的实践超越了现实的经济、社会、政治、教育和文化等方面的行为模式局限，为人们开辟了一个新的价值领域，引起了人类生产方式、生活方式和思维方式等领域的巨大变革。相较于工业领域的数字孪生，地图学的信息空间更像是一个对地理环境、社会人文的模拟系统，更偏向于一种虚拟和现实同生共存、彼此独立存在又相互促进、虚实融合，同时可操纵、可调节又有自己运行规则的一个世界。

　　正如尼葛洛庞帝所说"虚拟实在能使人造事物像真实事物一样逼真，甚至比真实事物还要逼真"（尼古拉·尼葛洛庞帝，1997）。信息空间是通过符号程序和浸蕴技术模拟现实或想象世界的"人事物"，并将其可视化、具象化到人们面前，而人们通过视觉、听觉、触觉等真实的认知感觉与虚拟空间的人和物进行交流交互和推理思考，此过程中虚拟的事物似乎被赋予了真实的意义。虚拟与现实都提供了具有连贯性和稳定性的感知框架，对组织人们的经验和认知具有同等的本体论地位（翟振明，2007）。理解并掌握信息世界虚拟的本质，才能更好地去应用和实践。而信息空间范围广阔、种类众多，如何把握和理解地图学所需的映射对象，或者寻找一个可以覆盖当前空间类型、内容复杂性、技术前沿性和虚拟性的代表性对象是当前地图学需要考虑的一个关键问题。游戏是一个多模态环境，包含地理环境、社交环境等，"游戏空间大规模迁徙"正是人们向虚拟空间的沉浸式前进，是虚/实边界模糊的一个典型代表（简·麦戈尼格尔，2012）。"游戏在一定程度上使用与地理理论相符合的方式将真实与虚构融合并附加至应用程序中"（Macmillan，1996），游戏地图即是一个典型的地图虚拟信息空间的代表。

游戏地图包括场景地图、全局地图和鹰眼地图，其中游戏场景是角色主要的活动场所，场景表达可以是二维或三维的（应申等，2020）。游戏地图的虚拟表现在某种程度上是信息空间中虚实的缩影。游戏地图虚拟性体现为以下几点：

（1）虚拟空间的隔离性和隐匿性。游戏地图虚拟空间是一个"魔环"（Huizinga，2008），游戏空间的"边界"如同有一个屏障将之包围，并与现实世界相隔离，从而使两个空间单独存在，虚拟世界的一切行为与现实世界无关；但两个空间的行为主体都是人，这使得它们不可能完全独立，这正是两者互通的维系者。"魔环"使玩家能够将自己与日常生活拉开距离，使得游戏世界成为一种建立新身份和文化表达的强化场所。游戏空间可实现现实难以实现的事，其隔离性和隐匿性可展现与现实相区别的方面，促进现实不能发生的人际关系（Lammes，2008）。

（2）游戏场景中虚拟时空感同现实相比更具可塑性和弹性。游戏地图包罗万象，跨越时空屏障，汇聚亘古亘今、天南地北、想象与现实的人事物于同一世界空间。游戏地图通过可视化技术交代故事发生的时间、地点和背景，体现社会动向与历史形势，以视觉、听觉等感觉方式与场景交互，通过虚拟化、仿真等方式或艺术化手法将之提升为风格夸张、情节紧凑、主题突出、时空交错的场景，从而让玩家获得某种特有的无法弥补的身临其境的感觉（刘安海，2009；杨道麟，2015）。

（3）游戏地图的构建是以现实为依据。虚拟的一切不是空穴来风，它所包含的事物不能没有物质载体，更不可能脱离人而独立存在（章铸和吴志坚，2001）。游戏地图的构建往往会附以某种环境的背景或叙事的线索，其构建是以现实为依据，即使不是现实生活的原形，也是现实生活的集中反映。

这三点形成游戏地图的虚实独特性。虚拟是现实中"不可能的可能性"的虚拟显现和"物化"形式（李玉萍，2011a）。事物的存在方式和发展方式的多种可能性受到客观物理世界的时空和物质条件的限制，这使地图学学者探索事物的途径也受到限制。游戏地图超越现实条件局限，实现事物存在和发展的形式的多样化，给予了学者更多选择和研究的机会，为人类认识物理世界事物存在和发展的多种可能性打开探索空间（李超元，2000）。同时，游戏地图对人的精神层次具有启发作用，游戏地图的构建本身是"以虚构实"，其"既出寻常视听之外，又在人情物理之中"（蒋凡和郁源，2002），是现实和生活思想的浓缩，"通过游戏的模式及虚拟化体验来提升、增强或培养人们的某种能力或好奇心，并将之反馈于现实，使人们创造并享受更好的现实生活"（简·麦戈尼格尔，2012）。

从虚实论出发讨论游戏地图的要素和内容，虚实是相对的，不是一成不变的。虚拟的世界不仅仅只是虚拟的，它本身的虚拟性是虚中有实，虚实相生的。正如古人评论虚实：有者为实，无者为虚；有据为实，假托为虚；客观为实，主观为虚；具体为实，隐者为虚；有行为实，徒言为虚；当前为实，未来是虚；已知为实，未知为虚等（李刚，2011）。对比现实，物理空间为实，游戏空间为虚；对比可视与想象，精神空间为虚，游戏空间为实；从感知角度，时间空间为虚，自然地物为实；从现实存在角度，时间空间是实的，游戏中时间空间为虚。从游戏场景设计初始至游戏世界社区的参与形成，以现实世界为基础构建，游戏主题、风格、场景结构、游戏性、艺术性、交互性等方面，特别是由玩家参与形成的人文社会性对虚实都有一系列影响，并在某种程度上反过来反映了现实进化的规律。

# 4.2　虚拟世界的构建——以实化虚

游戏世界相对于现实世界来说是虚拟的，但它的构建正是以现实元素为基础，即所谓以实构虚，如同当前热门的数字城市，不是凭空构建，而是以现实世界框架和组成要素来重构的虚拟城市。表达现实世界的抽象元素包括时间、地点、人物、事物、事件、现象、场景七要素（Lü et al.，2018），游戏地图中的要素组成采用同等的概念，其化实为虚，重构出地理世界，为人物的塑造、情节发展和情感寄托提供舞台。

## 4.2.1　地点

游戏地图中地点选择和构建常用以实构虚的手法，其表达的地理空间以现实为基础，体现在：①基于现实地理位置。表现为以现实地理位置为基础进行构架；②改编于现实地理位置。表现为根据现实地理位置特征进行地图内容的部分改编；③完全虚构。表现为地图内容的完全虚构，但这种虚构是基于现实地理特征转移，对于不同区域的地理环境仍参照现实别处的地理认知。

有据为实假托为虚，即依照历史典籍，确实存在的或现在客观存在的地点是实，而不存在的、存在但是地理位置移花接木的是为虚构的。

### 1. 以实映虚

以实映虚的游戏地图参照历史或现实的地理位置与地图疆域，从全局地图位置的构建到具体地点的设置皆为现实的重现。游戏地图以现实为基础的地点虚构程度的原因主要包括：一是受游戏开发团队参考的文献、典籍限制；二是因为游戏时间设定于历史，历史上地理位置及划分同现在有很大区别；三是因为游戏本身的需要，可能某些地方虽小但是地理位置或者历史文化较为特殊，与游戏情节联系较为密切，则将其突出显示，或者将重叠的一些地点给予一定的距离的偏移，或根据需要虚构出一个地点。这三方面基本是游戏地图以现实为基础的地点虚构程度的原因。

《剑侠情缘网络版叁》（简称《剑网 3》）的地图以中国唐代疆域地图为基础进行构建，游戏地图中地点与现实整体相对应，在细节部分与现实有差别。地图中的南屏山（图 4-1）

位于鄱阳湖和长江的交汇处，长江从地图中间横穿而过，将南屏山分为上下两部分，今有江西省九江市南屏山，可能也有一些地质运动和变迁及河流改道因素，地点有所偏移，但需要肯定的是，《剑网3》地图中南屏山在现实地理环境是存在的。

《三国志（Romance of Three Kingdoms）》的地图设计时参照了谭其骧《中国历史地图集》（谭其骧，1982）中的三国疆域图。地图中乌丸、山越、匈奴、氐、羌、南蛮等边疆民族的城市都展现出来，只是其游戏地图的构建模式是将现实中的一个郡直接做成一座城，如济北国中的汉中郡、天水郡、安定郡、庐江郡、豫章郡等。游戏地图中的地理地点与历史也比较符合。

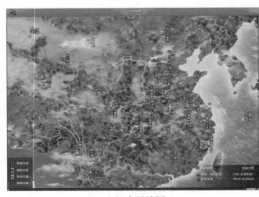

(a) 全局地图          (b) 南屏山地图

图 4-1 《剑网3》游戏地图

### 2. 半虚半实

由于游戏主题的设定，此类游戏地图中地点名称为虚构，但地理位置则是以现实的地点的基础上进行设计。如《侠盗猎车手5（Grand Theft Auto，GTA5）》是围绕犯罪为主题的，背景多是设定在模仿美国各城市的虚构地点，如虚构的圣安地列斯（SanAndreas）以美国南加州为范本、洛圣都（LosSantos）以洛杉矶为原型，设计者在加州和洛杉矶进行实地勘察并结合虚拟地球和人口普查资料，重现现实城市的地理和人口分布（Bertz，2012）。《塞尔达传说：旷野之息》的游戏地图以倒立的京都地图为底图，并且游戏中的时间、距离的度量都是以现实京都的街道测量为标准。

### 3. 皆虚类实

此类游戏地图中地图的范围、地点的设定、地点的名称等全为虚构，如魔幻风格游戏《魔兽世界》《上古卷轴》、科幻风格游戏《光晕（Halo）》。游戏地图融合丛林、孤岛、山脉等多种现实自然地形环境，加以虚拟元素，使幻想游戏中的事物按照似乎是符合现实规律的方向发展，成为一个虚实融合的世界。不同主题的地图配以相应的地理风情地貌，从而构建独特风格的世界地图。如《上古卷轴》（图 4-2）中晨风省（Morrowind）的中央岛由于火山常年活动，整个省的空气中都笼罩在灰暗的尘土中；瓦伦森省（Valenwood）是无人定居的原始森林。幻想类游戏地图即使内容皆为虚构，是"非现实世界的真实"，但它又是可以被认为是"类现实世界的真实"，甚至是"近现实世界的真实"和"超现实世界的真实"（柏定国，2008）。

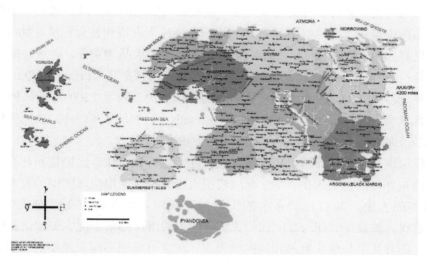

图 4-2 《上古卷轴》奈恩星地图

地形图对于地点的要求必须要真实、科学、严谨、严肃，游戏地图则是以虚构实的模式。专题地图可利用数字空间的虚拟性，借鉴游戏地图的模式，在真实的地理数据基础上辅以想象，实现现实所不能实现的，丰富和多样化地图样式，如对于历史地图中的一些具有浓厚历史色彩或文化、神话色彩的地点，将其凸显出来，进而通过地图来展现历史，表现区域地理风情特色和传统文化。

### 4.2.2 时间

现实时间具有不可逆转、不可变更、单向性、真实性，游戏中时间打破了现实束缚，时间变得可偏离、可虚构、可进可退（可过去、可未来、可现在），也可在不同时空中进行跳跃（李玉萍，2011b）。游戏地图中时间虚拟分为两类：游戏背景发生的时间与玩家在游戏场景进行的时间，前者表现为当前为实，过去为虚，未来为虚；后者则是时间的流动是否符合现实的时间特征。

1. 当前为实，过去为虚，未来为虚

虚拟的时空拓展是外延加内生，外延的拓展是对"有"的扩大，内生的获得则是对"无"的创生，即以现实物理世界为基础，通过认知活动深度挖掘，提取时空碎片，并

"无中生有"地虚拟出新的生活空间（曾国屏，2002）。游戏世界故事发生的时代背景正是这样产生的，它可能截取过去的历史时间段、想象未来的某个时间段或以当下的现实时间为准，抑或某个完全虚构的时间史，但总归是以真实的时间为基础进行的延伸；此时时间被抹去了历史纵深感，又被挤压成记忆的碎片，转换成了空间的背景（欧阳友权，2006）。以现实为原点，将时间从以下三方面扩展：

（1）重现历史。通过参考史实或文献，重现彼时彼地的地理风俗文化，使得玩家可以在游戏地图中得以了解当时时代背景下的一系列风土人情和社会经济。如《战地 1》以第一次世界大战为时代背景，《战地 5》以第二次世界大战为背景，游戏地图体现当时的战争特点；《剑网 3》还原唐朝当时繁荣强盛的社会；《秦殇（Prince of Qin）》设定在从秦始皇死于沙丘开始，直至秦国覆灭为止的一段历史，表现 2200 年前破败、凄凉、荒芜的古代社会。《欧陆风云 4：Europa Universalis 4》展现了 15～19 世纪历经地理大发现、宗教改革、专制主义、法国大革命的欧洲的时代历史。

（2）模拟现在。对当前的世界或选取某些地点进行数字化、虚拟化和社会模拟，使玩家体验虚拟环境的另类人生。中文名《模拟人生》中玩家模拟现实中的行为活动，开始一个另类的人生，与自己的真实的生活相互映照，从而得出更多对人生的领悟；《GTA5》游戏背景设定时间与时间同年，游戏地图的洛圣都基于现实美国洛杉矶和加州南部制作，拥有几乎与现实世界相同的世界观，玩家可展现不同于现实的一面，从不同的角度看待人们的生活。

（3）构建未来。这是人们对世界发展走向的预测，表达对未来的美好期盼或传达未来危机的忧患意识，从某种程度上说，人类的想象正是指引人类发展的引路灯：虚拟是一种驱动，有了虚拟指引，才能使现实成型。预测未来的最好办法就是把它创造出来（Kay，1995），游戏地图正是使未来成型的一个驱动力。如《辐射 4（Fallout 4）》描述 2077 年核战导致的人类有史以来最为严重的文明倒退；《底特律：化身为人（Detroit：Become Human）》描绘 2038 年的虚拟底特律城，智能仿生人对人类生活造成的影响和发生的冲突，引发人类对这些仿生人的态度和相处模式的思考，来映射和警示未来 AI（artificial intelligence）、机器人的可能发展和影响及他们的社会地位和身份问题。

今天的一切是由昨天、前天如此无数个过去组成（Braudel，1997）。虚拟世界的参与，使得可能的未来也与现在时间穿插着（欧阳友权，2006；Braudel，1997；Lai，2000；Jussi and Jakko，2006）。游戏地图的时空性凝聚历史的精华，拓展了现在和未来无数的可能性。时代的跨越最终目的都是为了把握现在。

## 2. 虚依实据

游戏地图都有一套自身的时间系统，玩家在进行游戏时对于时间的改变、故事的进程也存在一个认知和掌握的过程。游戏地图时间系统是以现实时间系统为依据按比例换算而成的，一般为加速多倍的时间，如《最终幻想 14（Final Fantasy 14）》中游戏大陆的时间系统同现实时间比例是 1d：70min；或者如某些网页游戏中采用的直接是现实的时间。游戏地图中时间是全局属性，它影响事物的活动，例如到了某个时间临界点才能触发事件，或者事物才能出现或消失。反过来，时间系统也可由事件触发，受到地点及事件的影响，一旦到了某个地方或进入某个事件，会发生白天/黑夜、季节气候变化或时间跳转，如《侠客风云传》修炼事件是典型的行为触发时间流逝型，其武艺修炼的结果以属性点数量化，属性点数换算为时间，诸如属性增长了三点对应时间过去了一年，即武艺的增长以修炼的时间年份来衡量。这种时间设置大大节省了一些不必要的操作和等待，加快地图叙事进程，从而使得整个游戏过程更加紧凑。

### 4.2.3　人物与事物

#### 1. 人物：以实构虚

某种程度上"魔环"隔绝了现实中规则的约束，成就了人的另一种性格或发掘出人潜在的一面，给了人们体验另类人生的机会（Fairfield，2008）。游戏中人物分为玩家角色和非玩家角色两类，前者是玩家在游戏中的化身，是由玩家操控的虚拟角色，可激发玩家对角色经历的感同身受；后者是游戏世界的组成部分（路人甲），玩家可与之交互。

人物构建是根据游戏的背景设定来决定的，其以现实人物原型、历史人物原型或虚构人物构建。一般包括给人物赋予性别、年龄、身高、样貌等自然属性，游戏中常见的"捏脸系统"正是自定义所选人物（玩家角色）外貌的一种方式；还有职业、技能、行为、信仰、亲属、所属团体等社会属性。进入游戏首先要确定玩家的自然和社会属性，它决定着不同的人生经历。游戏世界本身设定有很多的事件并赋予玩家选择判断的权利，而对于玩家来说，自己所经历的、所看的、所探索的才是真实的，其他的、道听途说的只是给自己提供揭开真相的线索，并不可完全相信。正所谓"己方为实，对方为虚"，这是玩游戏的独特性：给予了一个相对来说更为"真实的"可交互的、可探索的环境，可进行亲身体验，靠自己去探索揭开世界的谜团，这正是一种另类人生的乐趣。对场景的熟悉和适应需要与场景环境的交互、与其他人物角色的交互，这使得由计算机代码构成的虚拟人物不再是冰冷的数据，而是真实的可视、可触的躯体和灵魂；玩家的参与使得虚拟世界变得真实。

虚拟性实践以新的交往方式丰富了社会关系，当前我们不仅在客观物质世界生存，也在虚拟网络世界存在（李超元，2000）。玩家以角色的身份于游戏世界生存，这成就了游戏中的社会性。这种社会性不仅体现在人际关系上，还有社会行为和群体效应，诸如玩家对环境的依恋与归属感，玩家与帮派的互促互利关系，玩家与玩家之间的情缘、师徒、团队关系等。《魔兽世界》的社会性是最突出的，虚构的魔幻社会折射出真实世界的矛盾、冲突和社会人性。最典型的案例是虚拟瘟疫事件，它由玩家们所赋予化身一丝情感和灵魂的一系列活动引起，同时也是群体效应导致的社会性现象；其中隐藏的是玩家面对瘟疫事件真实的想法和反应，游戏中的"人"面向"瘟疫"的行为及"瘟疫"的"感染"扩散情况也与现实传染病扩散有相似之处，成为研究传染性疾病如 SARS 与禽流感（Balicer，2007）、新型冠状病毒感染的社会学传播因素对比分析的重要工具。

### 2. 事物：以实生虚

游戏中的事物往往超越了纯粹的几何形体概念，融入更多的语义描述，表现为现实世界对象的虚拟对等物，包含几何属性（如拥有现实世界相应事物的大小等性质）、自然属性信息（如位置、温度等自然属性）、游戏背景性质（如事物的存在时间现时的或历史的）和功能性质（如特定功效的草），从而使得事物和周围环境互为联系，允许算法对其执行某种推理（Tutenel et al.，2008）。事物还可以指一些动物、游戏背景产生的怪物，它们是根据游戏的背景、机制、现实历史文化、神话的设定融合在一起的产物，大部分都是虚构的，如漂浮的岛屿、会飞的龙。

几乎每一个可以想象的物体都在它所在的环境中起着一定作用并对其他的物体造成影响。一方面事物之间的关联性体现出属性的协调性。如《上古卷轴》中晨风省在火山灰作用下一些动植物发生异变；另一方面体现在事物之间的几何协调性，包括事物自身的大小、位置等，以及跟周围环境的适应性、布局的和谐性。

当然也有反其道而行之，就是情景反衬的虚实，不应存在于此的事物偏偏出现，用以突显某种事物的特殊性。游戏世界中事物存在一种"动静互衬"的"虚拟性"，事物的动态可令环境更加活灵活现，也可能是一种引导性的作用；在一个静谧的室内，连背景音乐都悄然隐去，只有水龙头那里传来流水的声音，无疑是一个很明显的线索，引导玩家前去探索。

### 4.2.4 事件

游戏在最初并没有叙事的概念，强调互动的行为；讲故事的需求与互动的需求存在直接的冲突：叙事跟随作者导演，是既定的线，而互动依赖于玩家的意志是自由地进行（Adams，2012；Costikyan，2000）。当前游戏逐渐趋向叙事化，并在两者之间逐渐找到一个平衡，甚至很多游戏是根据小说、影视改编，游戏空间和对象的设计与游戏的故事或目的连接在一起，如《古墓丽影（Tomb Raider）》是主角劳拉与世界重大考古发现之间的探索、解密故事，空间主要是在阴暗、潮湿的地下环境，包含古墓、宝藏、机关等元素（Anderson et al.，2018）。

游戏地图叙事的切入可分为由实入虚和由虚入实。由实入虚是指在真实的现实或历史的背景基础上，加入游戏所虚构的事件元素形成的虚实共生的场景叙事，如《剑网3》整体背景故事设定在唐朝历史时期，其中加入武侠、仙侠等虚构元素（许道军和张永禄，2011）。而由虚入实，指其大背景定义是虚拟的，但是在构建背景的过程中，采用现实元素加以融合，如《魔兽世界》，是西方魔幻风格游戏，融合了诸多艺术要素，参考了多种世界文化，如欧美奇幻文化（白银之手骑士团、城邦式人类王国）、北欧神话（风暴之主托里姆即雷神托尔、霍迪尔即主神奥丁）、埃及文明（金字塔、方尖塔）。这些融于游戏的一草一木中，编织成叙事的背景和线索。如《秦殇》设定在从秦始皇死于沙丘至秦国覆灭为止的历史。地图上破败的房屋、了无生气的荒草、战争的烟火，体现这个社会的崩坏和人民生活的苦难，彰显历史的步伐。

游戏的互动性使得其具有独特的叙事模式，玩家在身体、心理和情感层面上反复摸索游戏世界的轮廓，并将一切线索有机组织到一起。目前存在两种地图：可视探索所得的具象的存在，是"实"地图；叙事隐藏或体现于地图场景之中，玩家心理起伏所得的"虚"——故事地图。其中，故事地图是一种高度个性化的情境活动和认知形式，它将玩家在游戏中遇到的事件、精神状态和事件的独特序列配置为一个统一的、有凝聚力的整体（Neville，2015）。玩家在游戏结束后得到对游戏世界清晰的认知，感受到的是对游戏的感慨、理解、恍然大悟与意犹未尽，甚至延伸至对生活的思考。这正是叙事虚拟的主要模式——写景为实，叙事是虚。

正如历史的记载与丰富的过去生活相比总是存在巨大的空白，我们自己所关注所经历的也只是个人的小圈子，仅仅只是冰山一角。所以对于现实、历史或未来的事件进行虚构去充实和解释它，甚至做出编辑与调整，是合理的。如《三国演义》之于《三国志》中将既定的事件变为可能的事件，将别人的故事变为叙事者本人的故事，游戏地图这种化客体为主体的虚实，给予玩家一种强烈的身份认同感、同理心和沉浸感，真正去参与进去才能体会当事人的心路历程，才能真正做到对生活多看一步，从而利用游戏叙事和场景培养同理心，来对社会中的人和事产生更深的认识，甚至于推演社会的进程（许道军和张永禄，2011）。

这给现实叙事地图的设计提供了新方式。掘取生活事件中的本质内容，抓住蕴含矛盾错位的聚焦点，并不一定执着于事件本身的真实和内容，超越生活事件中的自然形貌，通过和游戏中各部分的配合和融合，融情于景、借景抒情，以引导的模式来将事件抽丝剥茧，以认知地图形式构建世界面貌（杨道麟，2015）。

### 4.2.5　现象

现象展现环境中事物演化的过程和结果，包含事物发生的时间、发生频率、空间效应、影响性等方面。短期的现象如森林大火、洪水，中期如农事活动、动物迁徙，长期如地壳运动、火山喷发。

#### 1. 以实构虚

埃德蒙德·胡塞尔将现象学表示为个人通过主观亲身体验来理解意识和世界所获得的瞬时经验（埃德蒙德·胡塞尔，1986）。在一个真实的环境中，除了地理实体的构成，还有的是这些事物结合在一起形成的气氛，由空气、温度、湿度、情绪等无数因素的氛围整合而成。这些需要人的视觉、听觉、想象、思考、情绪感受、行动等参与体验，语言文字不能将人的感受完全描述出来，需要身临其境方能感受到的，而这也正是游戏中虚拟环境的优势：它不仅将现象展现出来，还可令人亲身去经历发掘本质的过程。

在游戏构建的过程中，以各种仿真技术来模拟构建现实中的各种现象，讲究环境的统一和协调，辅以现实自然属性来以实构虚。如点状现象以石头为例，如阴暗潮湿洞穴，是长满青苔的［图4-3（a）］，而河边则是圆润的鹅卵石［图4-3（b）］。呈线状分布的现象如河流，加上环境的阳光与微风，其或潺潺、或湍急、或波光粼粼，是动态变化的，有生命流动之意（图4-4）。面状分布诸如土壤、耕地、森林、草原等，体状地理现象如云、建筑等。一个环境往往是多种地理现象的结合，包括有天气变化（风、雨、雪、雾、霾等）（图4-5）、地区气候（炎热、干旱、多雨）、日月变幻，以及人造现象如爆炸、火花、光影等。不同的区域环境根据地理情况展现不同的地理现象。游戏所构建的虚拟环境因其仿真性、动态性、时间的浓缩性等或许可能成为观察现象并亲自体验整个演变过程的实践环境，这正是化文字描述与记载的供想象和推理的虚拟为可视可触的现实，也是技术的进步所带来的一种探索事物本质的先进途径，当前技术或许无法将现象及人的感受全部重现，但未来可能真的混合虚拟与现实。

 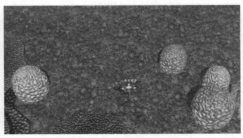

（a）阴暗潮湿洞穴 　　　　　　　　　　　　（b）河边

图4-3　《最终幻想14》中的石头

图4-4　《GTA5》中的河流

图 4-5　《最终幻想 14》中雾、雨、雪、日出现象

### 2. 有限为实、无限为虚

现实中很多现象皆为可望而不可即，而有限范围且所见几乎无处不可去的游戏场景中，这些现象的刻画往往采用有限为实、无限为虚的方式。如游戏中的日月刻画，一般游戏世界中的太阳和月亮会比现实夸大好几倍，似乎距离很近，但是即使拥有会飞的技能，永远都是夸父逐日式，将"近在眼前，远在天边"体现得淋漓尽致：以有限的、似可及的方式，但实际不可达的方式来衬托"无限远"的距离。

又如在游戏地图中远处的不可及的或不必要的场景采用贴图等方式制作，并设定玩家不可及，以空气墙（玩家活动区域的地图边界）、同景观设计中一些云雾缭绕方式或危险的地带来界定城市地域的边界范围，从视觉上扩充地图的范围。又给予玩家想象和好奇心，引起对世界面貌的探索和推测。且玩家可从允许探索与交互区域的特点来推测同一区域不可及地方的特色，即"春色满园关不住，一枝红杏出墙来"，以有限的红杏（可探索交互区域）推测春天的到来（区域的面貌）。

### 4.2.6　场景

游戏场景是一个综合体。它是前面所述的地点、时间、人物、事物、事件和现象的"虚实"中的"实"，是"立象以尽意"。游戏场景是以实构虚的地点的具象化，如《GTA5》以犯罪为主题，虚拟地点圣安地列斯以美国洛杉矶及其周边地区为原型，其中的场景构建很大程度上还原了洛杉矶风貌（图 4-6）。

游戏场景是实现过去、现在、未来虚拟的可视化，时间、空间的重组会导致不一样的结果，这种虚拟性就如同"观古今于须臾，抚四海于一瞬"只有在虚拟场景中才能实现。因此，游戏场景是直接体现时间变化的实体。如游戏《剑网 3》《最终幻想 14》等众多游戏中的日夜更替、四季流转，通过场景环境的变化来描写时间的流逝（图 4-7）。

图 4-6 《GTA5 系统》游戏场景（上）与真实场景（下）对比

(a) 早上 6:00          (b) 晚上 20:10          (c) 凌晨 3:17

图 4-7 《最终幻想 14》中的昼夜更替场景

　　游戏场景是承载人物、事物、游戏资源的载体，是玩家交互的场所。场景将它们以合理的尺寸，参照现实大小关系进行协调布局；或根据游戏主题做某些想象、变形、夸张等虚拟的修辞，与主题风格相呼应。如《刺客信条：奥德赛》描述公元前 431 年，古希腊城邦之间的战争历史，场景中雅典城区的建筑物和地物被高度概括，但人物角色与建筑物的大小关系仍然保留，城镇房屋的分布也符合相应的历史背景（图 4-8），整个希腊城市被高度浓缩表达，是一种选择聚焦型的三维城市地图综合。

图 4-8 《刺客信条：奥德赛》场景

　　游戏场景是借景抒情或叙事的"景"，借游戏场景以传达叙事的线索，虚拟的游戏场景此时是一种"假象见意"的真实。"凭虚构象""离形得似"，强调从有限的情景入手打破其界限而追求一种无限的意境（黄春梅，2006）。构建的游戏场景是有限的，但是其中蕴含的道理、叙事是无限的；有限的场景是无限边界的游戏世界的代表，是典型的见微知著。

　　游戏场景是所有现象的发生地。现象是表现场景真实感和合理虚构的一个关键点和突破口。游戏世界虚拟真实一方面表现为场景构建的虚拟性，另一方面则表现为游戏中营造的氛围。这种氛围由现象展现，如自然的现象，月的阴晴圆缺变化、气候的冷暖交替、狂风暴雨雷电、昼夜轮转等，或者是经历了某种历史的地质活动形成的地理现象，或者人类活动的社会现象，从视觉、听觉、触觉、时空、虚拟、互动等角度构建多维度、层次化、立体化综合可视化场景（郭仁忠等，2018）。

　　游戏场景以这些为客观依据，营造出的符合游戏虚拟世界中的真实，并据此可以实现更多的可能性，成就更大的价值。令虚拟的、想象的、不可能变成可能。游戏地图是一个整体的仿真模拟环境，自定义世界的规则，给予不同的用途、不同的功能即地图的价值：科学、社会、权属、军事、文化功能都予以包含。类似前述的游戏地图地点与现实地点的匹配，有关《三国志》地图"汉四郡"的问题则是地图的科学、权属价值。游戏地图的社会价值体现于人与环境、人与人之间的交互，游戏世界又是一个大型社交平台，其社会性同现实相通。游戏地图蕴含的文化性"寓景于情"于场景中，又隐含在叙事内。其军事性体现为军事训练和模拟，如《武装突袭3》采用真实的地理数据制作游戏地图（图4-9），被军事机构作为军事模拟训练环境。

图 4-9　《武装突袭 3》中的 Stratis 岛（左）与现实希腊中的小岛（右）1∶1 复制制作

　　"人是悬挂在由他们自己编织的意义之网上的动物"（克利福德·格尔兹，1999）。某种程度上，人类的发展方向是所有历史的累积与想象的成果。游戏世界是人类用技术创造的虚拟的产物，但是它确实又是虚实共存的，数字化生存使得这也可能成为定义世界的一种方式，并可能影响未来的发展趋向（柏定国，2018）。

## 4.3    虚拟对现实世界的反馈——以虚构实

郭仁忠院士表示：智慧社会是三元世界中人类的智慧化转型，简言之就是将整个社会"放入"计算机中再回馈给社会。构建虚拟世界是为了更好地构建现实世界，化实为虚以实验，再以虚构实以反馈实践。

虚拟是一种驱动，有了虚拟指引，才能使现实成型（Turkle，1995）。电子游戏改变了人们对于时间的一般性理解，化想象为现实，给予人不同的体验，这为人们研究城市变化和历史变迁提供新的思路。某种程度上，城市规划是以一种与游戏融合的方式来进行，游戏遵循于现实隐喻的规则，构建另一个非真实的、可被人类认知轻易理解的"现实"（Foster and Brostoff，2016）。信息技术会促使虚拟成为城市规划工具并应用。以知识与技术为依托，以虚拟世界为试验基地将超现实的梦想编织成可居住的空间，将虚拟的功能化为事实，来改变所生活的现实环境，结合真实数据描述城市的结构，使城市规划更加合理化，从而改善城市管理（Anderson et al.，2018）。

## 4.4    未来–虚实相生

物理空间、人文空间和信息空间一体化发展使整个世界的前进和变化更易操作性：信息空间为数据服务和规划，反馈于物理空间建设，在它们基础上发展人类文明构建人文空间，同时又将其数字化、信息化于信息空间和物理空间的字里行间、楼里道外的文化底蕴。从沉浸式虚拟现实到增强现实、混合现实，正是虚实的一种发展变化：在虚拟世界构造/寻找现实世界的一切（虚拟现实），在现实世界构建虚拟之物的叠加融合（增强现实，现实世界多维度信息扩展），将现实的叠加至虚拟世界再与现实世界进行交互（混合现实）。这或许正是虚实转换的核心所在，使社会更加智能化、便利化。而或许将来正如翟振明（2007）所说：如果虚拟世界具有某种相对稳定的结构，则自然世界和虚拟世界之间就不存在根本差别；区别仅在于它们同人类创造性之间的关系：其中一个世界是被给予我们的，而另一世界则是我们参与创造并有可能选择的。

### 参 考 文 献

埃德蒙德·胡塞尔. 1986. 现象学的观念. 倪梁康译. 上海: 上海译文出版社.

柏定国. 2008. 网络传播与文学. 北京: 中国文史出版社.

郭仁忠, 陈业滨, 应申, 等. 2018. 三元空间下的泛地图可视化维度. 武汉大学学报·信息科学版, 43(11):

1603-1610.

黄春梅. 2006. 含虚蓄实, 虚实相生: 略论传统戏曲的"虚拟性"审美特征. 昭通师范高等专科学校学报, 28(2): 60-62.

简·麦戈尼格尔. 2012. 游戏改变世界: 游戏化如何让现实变得更美好. 闾佳译. 杭州: 浙江人民出版社.

蒋凡, 郁源. 2002. 中国古代文论教程. 北京: 中国书籍出版社.

克利福德·格尔兹. 1999. 文化的解释. 纳日碧力戈等译. 上海: 上海人民出版社.

李超元. 2000. 略论虚拟性实践的基本特征和价值. 天津社会科学, (6): 30-33.

李刚. 2011. 古典诗词中的虚实. 考试(理论实践), 7: 118-120.

李玉萍. 2011a. 试论网络穿越小说的"虚拟性"审美特质. 小说评论, (1)(S2): 66-70.

李玉萍. 2011b. 试论网络穿越小说的游戏性特质. 山西师大学报(社会科学版), 38(S3): 87-89.

刘安海. 2009. 文学虚构的再认识. 汕头大学学报人文社会科学版, 25(4): 14-20.

尼古拉·尼葛洛庞帝. 1997. 数字化生存. 胡泳, 范海燕译. 海口: 海南出版社.

欧阳友权. 2006. 网络文学的虚拟真实. 中南大学学报(社会科学版), 12(2): 242-246.

谭其骧. 1982. 中国历史地图集–第七册–元·明时期. 北京: 中国地图出版社.

许道军, 张永禄. 2011. 论网络历史小说的架空叙事. 当代文坛, (1): 77-80.

杨道麟. 2015. 经典小说展示可能世界的"虚拟性"美学特征? 中州学刊, 6: 151-156.

应申, 侯思远, 苏俊如, 等. 2020. 论游戏地图的特点. 武汉大学学报·信息科学版, 45(9): 1334-1343.

曾国屏. 2002. 赛博空间的哲学探索. 北京: 清华大学出版社.

翟振明. 2007. 有无之间虚拟实在的哲学探险. 北京: 北京大学出版社.

章铸, 吴志坚. 2001. 论虚拟实践: 对赛博空间主客体关系的哲学探析. 南京大学学报(哲学·人文科学·社会科学), 37(1): 5-14.

Adams E. 2012. The Designer's Notebook: Three Problems for Interactive Storytellers . IEEE Antennas and Propagation Magazine, 54(1): 122-125.

Anderson K, Hancock S, Casalegno S, et al. 2018. Visualising the Urban Green Volume: Exploring LiDAR Voxels with Tangible Technologies and Virtual Models. Landscape & Urban Planning, 178: 248-260.

Balicer R D. 2007. Modeling Infectious Diseases Dissemination Through Online Role-Playing Games. Epidemiology, 18(2): 260-261.

Bertz M. 2012. Go Big Or Go Home. Game Informer, (236): 72-95.

Braudel F. 1997. Les Ambitions de l'Histoire. Paris: Éditions de Fallois.

Costikyan G. 2000. Where Stories End and Games Begin. Game Developer, 7(9): 44-53.

Fairfield J A T. 2008. The magic circle. Vanderbilt Journal of Entertainment and Technology Law, 11: 823.

Foster S, Brostoff J. 2016. Digital Doppelgängers: Converging Technologies and Techniques in 3D World Modeling, Video Game Design and Urban Design. Berlin: Heidelberg.

Huizinga J. 2008. Homo ludens: Proeve Eener Bepaling van Het Spel-Element der Cultuur. Amsterdam: Amsterdam University Press.

Jussi P, Jaakko S. 2006. Victorian Snakes? Towards A Cultural History of Mobile Games and the Experience of Movement. Game Studies, 6(1): 1-17.

Kay A. 1995. The Best Way to Predict the Future is to Invent it. Mathematical Social Sciences, 30(3): 326.

Lai C. 2000. Braudel's Concepts and Methodology Reconsidered. The European Legacy, 5(1): 65-86.

Lammes S. 2008. Spatial Regimes of the Digital Playground Cultural Functions of Spatial Practices in Computer Games. Space & Culture, 11(3): 260-272.

Lü G, Chen M, Yuan L W, et al. 2018. Geographic Scenario: A Possible Foundation for Further Development of Virtual Geographic Environments. International Journal of Digital Earth, 11(4): 356-368.

Macmillan B. 1996. Fun and Games：Serious Toys for City Modelling in a GIS Environment . Longley P，Batty M. Spatial Analysis：Modelling in a GIS Environment, New York: J. Wiley Cambridge.

Neville D O. 2015. The Story in the Mind: the Effect of3D Gameplay on the Structuring of Written L2 Narratives. Recall, 27(1): 21-37.

Turkle S. 1995. Life on the Screen: Identity in the Age of the Internet. New York: Simon & Schuster.

Tutenel T, Bidarra R, Smelik R M, et al. 2008. The Role of Semantics in Games and Simulations. Computers in Entertainment, 6(4): 57.

# 第 5 章　游戏地图的时空观

游戏地图的维度分为时间性、空间性，这是游戏地图的基本框架。时间是游戏地图的一个固有属性，时间线索贯穿整个游戏世界，围绕空间进行，游戏中的时间同时兼备流动、静止和循环性质，这使得游戏地图的时间线可标记、可倒流，而这也是游戏存档（save/load）机制的关键。空间是游戏地图的另一固有属性，随着游戏空间的复杂化、随机化与开放性，游戏空间逐渐升华，其中空间的精神，即游戏表达的内涵和主题及玩家的互处，也使游戏空间更加"宜居（有引力）"和完善。

## 5.1　游戏地图的空间观

游戏的基本要求是让玩家参与到一个空间过程中，并鼓励他们对游戏的空间维度产生强烈的认同感（Lammes，2008）。游戏中空间含义与现实中的空间含义有所不同。据American Heritage 词典解释，现实意义上的空间定义为："在日常三维场所的生活体验中、符合特定几何环境的一组元素或地点；所有物质存在的三维域"。游戏空间的设计与游戏的故事、目的紧密相连，不同的游戏或同一游戏不同的场景拥有不同的空间布局。通常的游戏空间是既不离散，也不连续；拥有一定的维度；拥有可以或不可以连通的边界区间。游戏中的空间具有很强的嵌套性，嵌套的两个空间按照现实地理意义来讲又是相互独立的，它们与外部空间连通的形式同现实地理世界不同（Schell，2008）。例如，在现实中，墙是一种障碍物，作为某一三维空间区域的边界，阻止人进入或走出建筑物，而门户则是进入的方式。然而，在游戏世界中，墙、门、户等都可能是空间的传送带、空间枢纽或一种触发机制，是两个或多个异空间的连接点，而这两个或多个异空间的天气、时间都很大可能完全不同，即不处于同一地理区域。通过这些空间枢纽可以克服各种关卡阻碍，并快速且直接地到达目的地（Foster and Brostoff，2016）。

### 5.1.1　游戏地图空间内容

游戏地图的空间即游戏场景地图的空间（简称场景地图的空间）。场景地图的空间可以理解为现实中的地理区域，是玩家所控制的物体或角色所处的虚拟世界环境。有了地理区域，才有了角色在该地理空间中的各类行动及该地理空间自身的发展与变化。

场景地图的空间不仅仅狭义地指游戏视野中的地形和地物，还包含许多其他要素，在此将场景地图中的空间要素分为两大部分：

（1）视觉要素：包括地形起伏、地物、天气状况、游戏标识、游戏镜头与视角等；

（2）听觉要素：包括场景的背景音乐、场景中的音效、角色的语音。

场景地图按照其空间观和空间变化可以分为四大类：

（1）空间线性演变场景地图。这类场景地图通常属于有较强叙事性结构和基调的游戏，这类游戏一般以不同地点发生的故事情节为主线来构造场景地图的空间结构。随着玩家对游戏关键剧情节点的推进，场景地图会开辟新的地理空间以供玩家探索。在这类场景地图中，关卡之间保持线性连接，这意味着玩家无法对场景地图进行非线性的探索。这一类游戏包括冒险游戏《波斯王子（Prince of Perisia）》和《神秘海域 1（Uncharted 1）》《神秘海域 2》系列，以及所有带有冒险元素的 FPS 游戏等。

（2）部分线性空间场景地图。在这类场景地图中，玩家控制的物体或角色会通过"传送房"（warp room）在各个非线性相连的地理空间之间跳跃移动。"传送房"可以理解为一个十字路口一样的中转站，玩家可以在这个岔路口选择自己想要访问的目标地理空间，如图 5-1，图中四个平台上的图形即为传送点，角色可以通过传送点到达其他地图。除了使用"传送房"进行非线性移动外，玩家在各个地理空间完成了一定的任务或关卡后也会开启线性相连的新关卡即新的地理空间。最早的几部《古惑狼（Crash Bandicoot）》游戏里就存在一个几平方米的小空间，可以从其中的一扇门进入一个关卡。传送房共有五扇门，即五个需要挑战的关卡。一旦五个关卡完成，第六扇门就会打开，角色来到老怪那里。老怪被打败后，就会出现通路进入下一个传送房。《塞尔达传说：旷野之息》也建立在相同的模式之上，玩家所扮演的角色到达游戏世界，需要通过神庙来进行区域间的传送，神庙分散在游戏世界的不同位置，玩家可以任意顺序开启这些神庙来作为传送点。

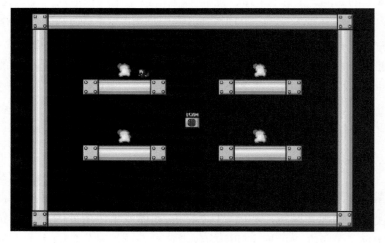

图 5-1 《I wanna》中的传送房

　　（3）开放世界场景地图。对于玩家来说，这类场景地图是完全开放的，可以随意探索场景地图的任意位置，而不受游戏进度的影响。玩家的游戏体验感主要由游戏剧情来引导，而不是依赖其所在的地理空间位置。除关键剧情节点之外，玩家可以自由选择要完成的任务，并以此来解锁新的游戏元素或者扩展新的地理空间区域。

　　（4）系统游戏场景地图。在这类场景地图中，玩家所控制的物品或角色所在的地理位置并不会影响玩家的进展，玩家自由地处在完全开放的空间中，如图 5-2，不管哪一局游戏，角色们始终都在同样的足球场中进行比赛。例如《FIFA》，玩家从一开始就能看到整个球场，《俄罗斯方块（Tetris）》和 EA 推出的《模拟城市（SimCity）》也是一样。

图 5-2　《FIFA18》的游戏地图

## 5.1.2　游戏地图空间与现实空间概念对比

　　游戏场景地图的空间和现实空间相比有很大不同。

　　（1）现实空间具有以下特征：①无边界的。②连续的。③不可传送的。

　　（2）而游戏场景地图的空间具有以下特征：①有边界的。②既不连续也不离散的。③可传送的。

　　此外游戏场景地图的空间和现实空间的连通形式也有所区别，具体体现在以下几个方面：

### 1. 有边界

　　游戏场景地图的边界和现实空间的边界的含义有所不同。现实空间中的边界实际上是一条假想线，通常是指国家之间或者地区之间的界限，具有政治意义，在一定条件下是允许人们跨越的，所以在这种意义上现实空间是没有边界的。与现实空间的边界不同，游戏场景地图的边界更像是一道玩家在正常情况下永远无法跨越的物理墙壁，它规定了游戏场景地图的形状、大小，从而限制玩家必须在一定区域内进行活动。

　　在《赛博朋克 2077》场景地图的边界处，玩家虽然可以远远看到边界外的风景，但是无法实际到达。如果玩家想要强行越过边界，游戏会出现以下几种提示方式并阻止玩家跨越边界：

（1）弹出警告：通过弹出警告文本信息提示玩家已经到达游戏场景地图边界，并且强制玩家返回。在《赛博朋克2077》中，当玩家超出地图边界会出现图5-3红框所示的警告信息，玩家在接收到警告信息后，仍然能够向前移动一定区域，之后玩家会被强制传送到边界内。

图 5-3　弹出警告

（2）空气墙：在游戏场景地图中，某些看上去玩家可以到达的区域，实际上被一层透明的墙壁阻挡，导致玩家无法到达目标区域。在《赛博朋克2077》中，当玩家到达地图边界会出现图5-4所示的现象，玩家与空气墙发生碰撞，阻止玩家继续前进。

图 5-4　空气墙

（3）击杀主人公：在《赛博朋克2077》的地图边界上会设置一些关卡，当玩家想要强行越过这些关卡时，会被敌人击杀（图 5-5），这样就能够确定游戏场景地图边界并且限制玩家的活动区域。

图 5-5　击杀主人公

　　然而这些提示或警告并不能阻止玩家对边界外的探索，部分玩家会通过修改游戏的方式跨越这道边界，探索游戏场景地图真正的边界。游戏场景地图真正的边界内仍然有建模，超出这个边界的区域没有建模（如图 5-6）。

图 5-6　游戏场景地图的边界

　　因此，《赛博朋克 2077》实际上有两条边界，一条是限制玩家活动的边界，一条是游戏场景地图的边界，如图 5-7 所示。游戏场景地图的边界包含的范围比限制玩家活动的边界要大得多，并且两条边界之间仍然有建模，这样做是为了不让玩家看到游戏场景地图的边界之外的无建模区域，以增强玩家的游戏体验，让玩家感到允许活动区域外仍有大量空间，更加符合玩家在现实中的感受，减轻游戏空间对玩家的限制。

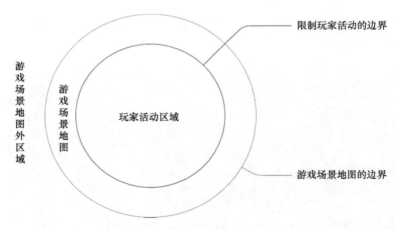

图 5-7 《赛博朋克 2077》的两条边界

### 2. 既不连续也不离散

现实空间是连续的，这里的连续是指现实的区域与区域之间包含着具体空间，以现实中的十层大厦为例，一幢现实中的大厦的一层到十层之间包含着八层的具体空间，人们可以到达这些中间楼层。与现实空间不同，游戏场景地图的空间是不连续的，但也不是离散的。

（1）不连续：表现在游戏场景地图往往会省略区域与区域之间的空间，玩家无法到达这些空间，同样以大厦为例（图 5-8），一幢游戏场景地图中的大厦的一层到十层之间并没有具体空间，玩家无法到达这些中间楼层。

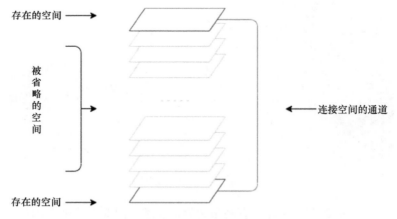

图 5-8 游戏场景地图的空间既不连续也不离散

（2）不离散：表现在游戏场景地图的区域与区域之间具有一定的通道，两个区域并不是完全独立的，而是具有一定的关系，它们在面积、构造、环境等方面有所关联。

在《赛博朋克 2077》中，最容易体现游戏场景地图的空间既不连续也不离散特点的是随处可见的大厦。这些大厦并不是每一层都有建模，只在大厦的入口和任务楼层才有建模，省略了两者之间的空间，玩家无法进入也没有必要进入这些被省略的空间，这样造成了空间的缺失，所以游戏场景地图的空间是不连续的。而大厦的入口和任务楼层也不是离散的，楼层之间有电梯作为通道连接两个空间，玩家通过电梯能够在楼层间穿梭，并且两个楼层相比具有一定的相似性。

图 5-9 展现的是《赛博朋克 2077》中的一部电梯，上面清晰地显示电梯只能前往 1 楼大厅和 42 楼公寓，而 1 楼到 42 楼之间的楼层并没有显示，玩家无法前往，这里可以看出游戏场景地图的空间是不连续的。从 1 楼到达 42 楼需要等待一小段时间，这段等待时间让玩家意识到自己正在通过一个通道在空间之间移动，体现出了游戏场景地图的空间是不离散的。

图 5-9　《赛博朋克 2077》中的电梯

另外，1 楼大厅（图 5-10）和 42 楼公寓（图 5-11）的风格十分相似，地板、装饰、植被等都有相似之处，让玩家理解到自己仍在一幢大厦中，消除了不同空间之间的差异，这样也体现了游戏场景地图空间是不离散的。

图 5-10　《赛博朋克 2077》大厦 1 楼

图 5-11 《赛博朋克 2077》大厦 42 楼

　　游戏场景地图的空间既不连续也不离散的特点，在帮助游戏公司节省资金、指引玩家前往目的地、增强空间感受、了解剧情发生地点等方面有重要作用。

### 3. 可传送

　　传送是指玩家在游戏场景地图中，不通过步行或驾车等实际移动手段，进行的从一个传送点到另一个传送点的空间跳跃。为了提高玩家的游戏体验感，游戏的场景地图中通常存在许多传送点。然而，由于玩家在游戏初期可以探索的区域有限，未探索区域内的传送点处于未解锁状态，因此玩家无法在未解锁区域与解锁区域之间自由传送。随着玩家对游戏场景地图的不断探索，传送点逐渐由未解锁状态转变为解锁状态，玩家便可以通过解锁的传送点实现空间上的自由跨越。

　　在《赛博朋克 2077》中，共计有 137 个传送点（图 5-12），它们较为均匀地分布在游戏的场景地图中。

图 5-12 《赛博朋克 2077》的部分传送点

这些传送点在《赛博朋克 2077》的游戏场景地图中拥有一定实体，一般是如图 5-13 所示的立方体形机器，它们在游戏中被称为 "快速移动数据终端"，上面显示着当前传送点所在的区域及玩家选择的下一个传送点所在的区域的相关信息。

图 5-13 《赛博朋克 2077》的快速移动数据终端

在游戏中，玩家如果想从出发地到达目的地，一般的行动模式是从出发地前往出发地附近的传送点，传送到目的地附近的传送点，最终到达目的地。在玩家从出发地到出发地附近的传送点和从目的地附近的传送点到目的地这两段路程，是玩家进行了实际移动的，这种实际移动会花费玩家相对较多的时间，而在两个传送点之间是没有发生实际移动的，只需要花费加载游戏场景地图的时间，传动模式如图 5-14 所示。

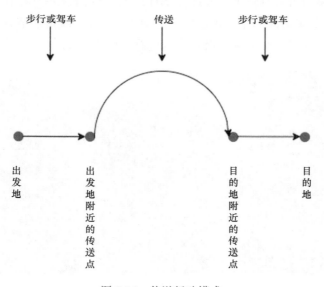

图 5-14 传送行动模式

另外，传送点只是在一个空间的不同地区之间架起了一条快速通道，它和连接两个空间的通道不同。传送点一般只会在游戏较大的场景地图中出现，帮助玩家减少行程，提高效率。

4. 空间连通

在一个整体空间中，往往存在一些障碍物将这个空间进行细分，障碍物能够阻碍人们在空间中自由通行，又通过通道将被细分后的相邻空间连接起来，这些通道就是空间的连通形式。游戏场景地图空间和现实空间的连通形式不同，是由于以下原因：

（1）游戏的规则：由于游戏的规则，原本在现实空间中的障碍物可能在游戏场景地图空间中视为通道。例如墙壁、栏杆、路障等。

（2）剧情的需要：由于剧情设置的需要，玩家往往需要进行撤退、战斗、潜行等行动，这些行动往往需要玩家在各个细分空间中移动，例如打破大楼玻璃撤退等，这导致游戏场景地图空间中的通道和现实空间有所不同。

（3）装备的辅助和提升：玩家可以借助各种装备，来通过现实空间中障碍物。

（4）角色的身体机能远远高于现实等原因：玩家扮演的主人公的身体机能远远高于现实，能够很容易地完成现实中的人无法完成的动作，所以游戏场景地图空间中的通道和现实空间中有很大不同。

在现实空间中最常见的障碍物就是墙，一般来说，因为现实中规则、道德、身体机能等因素的约束，墙是无法跨越的，当现实中的人遭遇墙的阻隔时往往会选择绕行的方式。但是在游戏的场景地图中，现实中的约束荡然无存，绝大多数墙是允许玩家跨越的，所以当玩家遇到墙的阻隔时较少有人选择绕行，而是选择直接跨越。在《赛博朋克2077》中，存在许多墙，玩家扮演的角色可以轻松地穿越这些墙，既可以节省玩家的游戏时间，也可以作为空间分割线来帮助玩家潜行或者逃跑（图5-15）。

（a）

（b）

图 5-15　《赛博朋克 2077》轻松跨越高墙

　　另外，在《赛博朋克 2077》中的建筑物的外表，有许多供玩家攀爬的窗台、围栏等突出物（图 5-16），玩家可以借助这些突出物进入建筑内或者前往建筑高层，而不需要使用楼梯或者电梯。这种方式往往是为了剧情的需要，丰富游戏的操作感，给玩家更多更自由的活动空间。

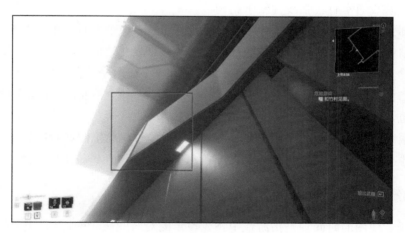

图 5-16　《赛博朋克 2077》可攀爬的突出物

## 5.2　游戏地图的时间观

　　每个游戏空间都拥有自己的一套时间系统，游戏中时间体现的是故事发展的自然流程，其独特性在于时间的流速和变化：可停滞、可重来、可穿越、可叠加。如游戏中的时间流速往往表现一种比现实加速多倍的速度，尤其体现在角色扮演类游戏中，玩家喜欢或向往那种掌控人生或历史的感觉，以体验浓缩的人生。游戏常采用时间碎片策略来串联故事，即把完整的故事时间割成碎片，零零散散分布到游戏各处，采用文学中常见倒叙、插叙等叙事方式，其时间也会随游戏机制而发生变化，可能出现时间冻结、延迟、倒退、前进、穿越等情况，从而有意强化时间刻度，着重于某一段特殊的时间段，展开故事情节。游戏改变了人们对于时间的一般性理解，化想象为现实，给予人不同的体验。游戏中独特的时间性可能为人们研究城市变化和历史变迁提供新的思路（汪代明，2004）。

场景地图的时间组织确定了游戏结构，它是游戏进展的轨道和主轴。根据场景地图的背景、可玩性特征与空间观等要素设计组织场景地图的时间观，需要决定各个游戏环节所需的时间，其与现实时间的流速比例等，然后合理地线性或非线性地安排不同时间下游戏场景地图之间相互连接方式。

### 5.2.1　游戏地图时间类别

场景地图按照其时间观和时间变化可以分为三大类：

（1）时间线性演变场景地图。在此类场景地图中，玩家控制的物体或角色所经历的所有事件和剧情都在同一条时间轴上，时间的流速可能会有快有慢，甚至会有时间上的跳跃，但每个重要事件和关键剧情的发生、地理位置的转移顺序都不可改变。拥有此类场景地图的游戏通常有较强线性叙事结构。

（2）部分线性时间场景地图。这类场景地图通常有一个主时间轴，大部分主要事件和重要剧情都在这条主时间轴上按照线性时间的顺序发生，但也有例外。如玩家可以操控角色或物体回到过去的时间点，了解之前发生的事；在两个主要事件和重要剧情之间，玩家可以自由选择完成支线或次要事件或任务的顺序；甚至控制时间倒流回到之前的某个时间点重新开始。

（3）系统游戏场景地图。对这类场景地图来说，时间除了倒计时以外并不会对玩家的进展产生任何影响。每一局游戏中，玩家都可以自由地在场景地图中进行交互。

### 5.2.2　游戏地图时间观内容

游戏场景地图的时间观是指游戏中预先设定的对时间概念的认识，每个游戏空间都拥有自己的一套时间系统，整个游戏都是围绕这套时间系统展开的，玩家可以将自己代入到这套时间系统中，体会这种独特时间观。游戏场景地图的时间观主要包括剧情发展和时间速率。

**1. 剧情发展**

游戏的剧情发展就是游戏中故事发展的自然流程，玩家从游戏开始到游戏结束都必须经历这一过程，这一过程具有其独特性，游戏世界的时间观与现实世界的时间观大相径庭。

现实世界的时间观具有以下特征：

（1）线性的：在现实世界中我们无法亲身回溯过去或前往未来，往往只能依靠记忆或想象，这种模式是模糊的、不可靠的。

（2）完整的：在现实世界中我们必须经历时间流逝的一分一秒，不会出现时间的缺失、跳跃等现象；

（3）单一角度的：我们只能通过自己的角度去经历时间，而不能通过他人的角度。

而游戏世界的时间观具有以下特征：

（1）非线性的：玩家可以在游戏剧情中回溯过去或前往未来，这和文学作品中常见的倒叙、插叙、想象等手法一样，但是不同的是在部分插叙、倒叙、想象手法之中，玩家并不只是过去或未来的观看者，而是实际操作者，游戏允许玩家在过去、现实和未来之间穿梭，并在其中自由控制角色。

（2）碎片化的：游戏常常采用时间碎片策略来串联故事，即把完整的故事时间分割成若干个碎片，并零散地分布到游戏场景地图中。这种模式过滤了大量无关紧要的时间，例如玩家在休息期间不能完整地体验到时间的流逝，而只能体验经过处理和保留的重要时间碎片。另外碎片与碎片间的时间是自由的，玩家可以在这些时间内自由行动。

（3）多角度的：游戏中玩家不只能够扮演和操纵游戏的主人公，在部分特殊时间段中，玩家还能操纵其他角色，从游戏中其他角色的视角观看和理解游戏剧情，能够从多个角度了解游戏的全貌。

为了方便理解游戏地图中的时间观，图 5-17 绘制了《赛博朋克 2077》的剧情流程图来帮助分析时间观中非线性的、碎片化的、多角度的特点。

**1）非线性**

从非线性的方面看，《赛博朋克 2077》和绝大多数游戏一样可以按照对游戏剧情发展重要程度划分为：

（1）主线：是游戏剧情发展的主体，有十分清晰的先后顺序，如果玩家想体验后续主线剧情，则必须完成之前的主线剧情。

（2）支线：是游戏主线内容的补充和丰富，有较为模糊的先后顺序，当玩家完成某个主线时，若干个对应支线会被触发，玩家可以较为自由选择是否进行支线或者先进行哪一个支线，但是这种自由也不是任意的，支线仍然具有一定的先后之分，意味着玩家并不能在任意时间内开始任意一个支线。

《赛博朋克 2077》的主线又可以按时间划分为：

（1）过去：发生在游戏主线剧情时间之前。

（2）现实：游戏主线剧情发生的时间。

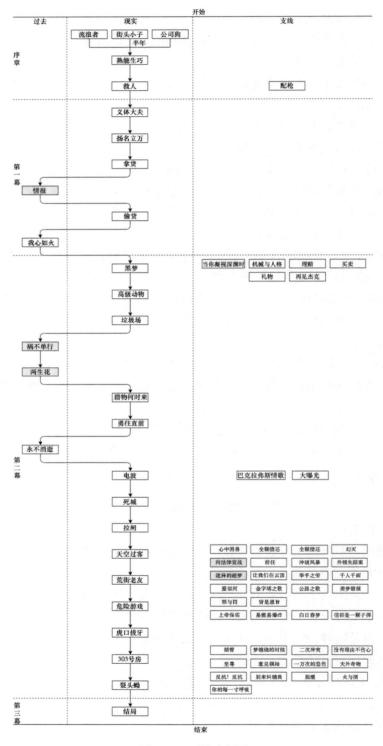

图 5-17　剧情流程图

《赛博朋克 2077》中并没有未来这一划分。该游戏的大部分剧情都发生在现实中，少部分剧情发生在过去。该游戏回溯过去的方法有三种，分别是：

（1）间接描述：间接描述往往是通过 NPC 对话、文字资料、录像片段等游戏场景地图中提供的信息来进行时间回溯，在这种回溯过去的方法中，玩家并不能进行操纵，只是单纯被动地获取信息，这和现实中回溯过去的传统方法相似。在《赛博朋克 2077》中，这种方式的应用十分广泛。例如，透过游戏主人公 V 和雇佣兵杰克首次相遇的情节（图 5-18）可推断：杰克对于跑走私线毫无经验，首次任务显得很紧张；相反，主人公 V 对跑走私线非常了解且准备充分，与杰克相遇前显然已完成类似走私任务。游戏虽未说明这一点，但这种间接描述的方式凸显了两者在走私经验上的鲜明差异，为后续情节增添悬念。

图 5-18  主人公 V 与杰克初次见面的对话

间接描述可能出现在游戏的任何时刻或场景中，这些信息一般为塑造人物和推动剧情服务，在一些大型游戏中，比较重要的 NPC 和剧情中都会用到这种方式。这种方式的优点很多，十分便捷，不需要进行复杂的操作，就能十分轻松地获取信息；内容充足，往往可以对游戏剧情或者 NPC 身世进行全面有效的补充；增强游戏细节感，这些信息不是独立的，而是会和游戏剧情形成照应，当玩家体验后续剧情后，发现剧情与信息相照应时，会对游戏的细节发出惊叹。但是这种方式的缺点也很明显，它很容易被玩家遗漏、忽视或者遗忘，玩家对这些信息的印象并不总是深刻的。

（2）直接操纵：直接操纵是玩家操纵的角色从主人公转到其他角色上，玩家可以直接操纵其他角色体验相关游戏剧情。在《赛博朋克 2077》中，第一幕的"我心如火"和第二幕的"永不消逝"中运用到了这种方法，玩家在这两段剧情中能回到过去直接操纵强尼·银手这个角色（图 5-19），通过大段并连续的剧情便于玩家了解该角色的身世、背景和过去的经历。强尼·银手这个角色陪伴了主人公 V 很长一段时间，从第一幕的"偷货"直到结局，都离不开他，而且他突然出现，伴随着众多秘密需要挖掘，通过传统的方式不能有效地揭示人物的身世、背景和过去的经历，用直接操纵的方式能够从该角色的视角体验完整的剧情，在玩家操纵强尼·银手的两次剧情中，第一次玩家回到了 2023年，第二次回到了 2013 年，在过去的场景中玩家能够代入到强尼·银手的角色，从主人公 V 视角不可能触及的场景体验游戏剧情，使玩家对该人物的身世、背景、性格、经历、与其他 NPC 的关系等有了更加全面的了解。

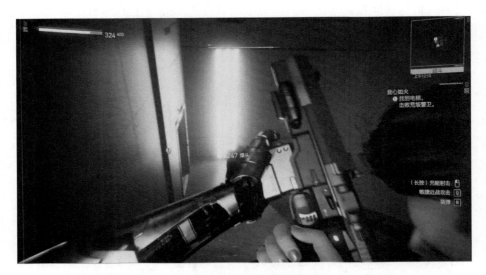

图 5-19　玩家操纵强尼·银手

直接操纵的方法一般只用于主要角色的塑造，游戏公司没有精力也没有必要为次要角色设计可操作的人物模型、较长的故事剧情和复杂的场景地图。这种方式的优点是能够让主要角色享受到主人公的待遇，对主要角色进行必要且全面的补充，玩家在这个过程中是主动获取信息，而不是被动地接收信息，这种感觉更加直观生动，玩家不容易遗忘、忽视、遗漏。缺点则是不可能广泛使用到每一个角色中，并且需要花费一定的时间去游玩剧情，信息会分散到整个剧情或场景中。

（3）"超梦"："超梦"（图 5-20）是《赛博朋克 2077》中的一种娱乐方式，是将他人的经历体验通过数字记录的形式进行保存，使用者能够体验记录者所经历的一切，这种方式和现实中 VR 比较相似。"超梦"如同纪录片一般记录着某个过去时间段的某个特定场景中发生的一切，它最主要的作用是玩家能够从中寻找线索，推动剧情的发展，了解人物性格等。

图 5-20　游玩"超梦"

### 2）碎片化

从碎片化的方面看，《赛博朋克 2077》将一个完整的主线故事和若干完整的支线故事分解成了若干碎片，并将这些碎片安排到场景地图中（图 5-21）。这些碎片有以下特征：

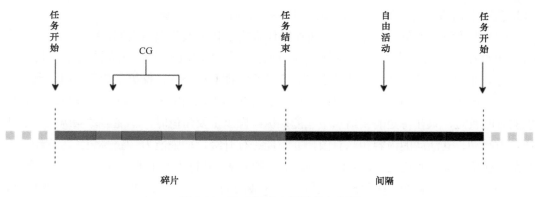

图 5-21　游戏叙事中的碎片与间隔

（1）有明确的边界：这些碎片中有明显的边界，即任务的开始和任务的结束是碎片的两个边界。玩家在碎片中承接并开始游戏的任务，意味着碎片的开始，这时玩家拥有了明确的目的，并前往到一定的游戏场景地图中，一般不能随意自由地移动和离开游戏发生的场景地图区域，如果离开则意味着玩家暂时搁置任务或者任务失败。玩家在碎片中完成任务，意味着碎片的结束，这时玩家可以随意自由地移动和离开游戏发生的场景地图区域，并寻找下一个碎片。

（2）碎片中含有 CG：碎片中含有一定量的 Computer-generated 动画（以下简称 CG），玩家会在 CG 中失去对角色的控制，必须按照游戏剧情安排前进，而在碎片与碎片之间几乎没有 CG。

（3）碎片与碎片之间有自由活动时间：当玩家进入到碎片与碎片之间的自由活动时间时，会恢复自由活动的状态，可以在整个场景地图中穿越，没有明确的目的，不受游戏剧情的约束，玩家在这段时间内能够选择是增强自己装备，还是自由探索场景地图，还是进行支线剧情等活动。

这种碎片化叙事不仅仅照顾了玩家体验游戏剧情的需要，而且考虑到了玩家自由探索的需求。

### 3）多角度

从多角度的方面看，在很多游戏中，玩家的视角不会只停留在主人公视角上，而是会在多个角色的角度间发生变换。例如在《赛博朋克2077》中，玩家的视角会在以下视角间进行多次切换：

（1）主人公视角：主人公视角是玩家在进行游戏时体验时间最长的视角，玩家以第一人称的视角直接操纵主人公 V 在整个游戏场景地图中进行自由活动，体验游戏几乎所有的剧情。主人公实际上是玩家在游戏中的一个替身，玩家能够代入到主人公 V 的身世、背景、经历和故事中，能够设身处地地从主人公的角度行动和思考，去一步步挖掘事件真相，处理自身与 NPC 之间的关系，增强和提高自身装备、技能和能力，并按照玩家自身意愿在剧情分支处进行选择，这样能够提高游戏的沉浸感。

（2）主要角色视角：主要角色视角在操作方式上和主人公视角类似，玩家以第一人称的视角直接操纵游戏中的主要角色，例如上文中提到的玩家直接操纵游戏主要角色强尼·银手。但是主要角色视角和主人公视角在多个方面有所不同，操纵主要角色时，玩家不能在整个游戏场景地图中活动，只能在特定的游戏场景地图中进行活动；玩家操纵主要角色的时间较短，只在特定的剧情当中才能操纵；操纵主要角色时，不能够像操纵主人公那样自由活动，其活动的内容相当有限，并不能进行升级、增强能力、获得装备等活动。主要角色视角在补全游戏剧情、了解人物关系、避免视角和操纵的单调等方面具有重要意义。

（3）次要角色视角：次要角色视角是一种被动的方式，玩家不能主动操纵次要角色，而是从第一人称或第三人称视角观看次要角色的行动，玩家无法推进或阻止次要角色的选择，只是像看电影般的单纯地浏览游戏剧情。次要角色视角对于玩家了解次要角色性格和背景、厘清人物之间关系、理解故事前后经过等方面十分重要。

（4）上帝视角：上帝视角是游戏中的一种特殊视角，玩家在这种视角下并没有一个角色作为视角的载体，玩家如同上帝一般，不受视角和时间的限制，如同一台能够自由活动的摄像机一般观察游戏场景地图中发生的一切。在《赛博朋克2077》中，玩家可以在"超梦"中通过上帝视角进行活动（图5-22），"超梦"分为视频层、红外层和音频层三层，并且可以自由前进、倒退、加速、减速和跳跃，在这种视角下，玩家能够在同一时间的不同地点，从视觉、热度、听觉等多个角度进行观察和探索。上帝视角对玩家收集线索，辅助玩家浏览剧情具有重大作用。

图 5-22 "超梦"中的上帝视角

## 2. 时间速率

游戏的时间速率是指游戏剧情或场景地图中时间的流逝速度。现实世界的时间速率和游戏场景地图中的时间速率是有所不同的。

现实世界的时间速率具有以下特征：

（1）恒定的：现实世界中时间流逝速度是恒定不变的，每一秒的时间间隔是完全相同的，不会发生变化。尽管人们有时候可能对同一长度的时间有流逝快或慢的感觉，但是客观上时间速率是相同的，只是人们对时间速率的主观感受发生了变化。

（2）低弹性的：在现实中，人们不能凭空增加时间，也不能无限地将时间延迟，这意味着人们需要在特定的时间完成特定的任务。

游戏的场景地图中的时间速率具有以下特征：

（1）压缩的：相较于现实世界的时间速率，游戏场景地图中的几分钟、几小时、几天甚至几年在现实世界中可能仅仅是一秒。因此，玩家在游戏场景中只需花费几十个小时就能够体验主人公的几年甚至几十年的经历。

（2）多变的：游戏的时间速率可能会在不同的时间段或者场景地图中发生变化，这种变化包括减慢、加快、跳跃、重复，甚至玩家能够控制时间。

（3）高弹性的：与现实世界不同，游戏场景地图中的时间是高弹性的、模糊的，玩家可以凭空增加时间或者无限地延迟时间，故而不需要在特定的时间内完成特定的任务。

下面将通过《赛博朋克 2077》来分析游戏场景地图的时间速率特征。

### 1）压缩性

从压缩的方面看，《赛博朋克 2077》的主线时长约为 37h，若体验游戏所有内容时长可能会达到 175h，而根据 Alanah 的问答环节可以确认现实世界中的 1h 等同于游戏中的 8h，另外再加上时间跳跃、加快等其他时间压缩方式，将主人公 V 从默默无闻到名声大振这一段经历，进行了十倍甚至百倍的压缩，让玩家能够在相对较短的时间内体验完整的游戏剧情。这种压缩时间速率的方式，让游戏的剧情更加精彩，节奏更加紧凑，更利于人物形象的塑造，合理的压缩，不会让玩家因为游戏时间冗长而感到无聊，也不会因为游戏时间不足而意犹未尽。

**2）多变性**

从多变性的方面看，游戏中的时间速率是会发生变化的，上文中提及现实世界中的 1h 等同于《赛博朋克 2077》中的 8h，这种描述是模糊的、不精确的，时间速率会在游戏剧情或者场景地图中发生变化，这些变化包括以下方式：

（1）停滞：时间速率停滞在游戏的剧情中经常出现。游戏的剧情中通常会存在一些时间节点。时间节点代表着游戏剧情的某个阶段或者某个里程碑。当玩家完成某一项对应任务时，时间节点会从前一个节点过渡到后一个节点，这种过渡表现为时间的变化；当玩家处于时间节点时，游戏场景地图的时间是停滞的。如果玩家在一个时间节点处不能成功完成任务，那么游戏时间就会永久暂停下去，等待玩家完成任务，当玩家完成任务后，时间重新开始流动。

（2）减慢：时间速率减慢一般是通过游戏内的道具或者装备实现的。《赛博朋克 2077》中存在不少可以让时间速率减慢的装备，当玩家佩戴这些装备并完成特定动作时，游戏时间速率明显减慢，敌人的行动受到影响，而玩家自身能够正常行动或者受到影响较小，这种效果被玩家称作"子弹时间"或者"时停（时间停止）"（图 5-23）。这种时间速率减慢很容易被玩家体验和意识到，在《赛博朋克 2077》中触发"子弹时间"后，会伴随着游戏画面变暗、视野边缘模糊、敌人行动缓慢等现象，它可以辅助玩家进行战斗、潜行、逃跑，以及完成一些高难度操作等（图 5-24）。

图 5-23 含有时间减慢词条的装备

图 5-24　子弹时间效果

（3）加快：时间速率加快和时间速率减慢相辅相成，这种现象往往发生在时间节点上，具体体现为时间的突变。当玩家在停滞的时间中完成了对应的任务，到达一个新的时间节点，这时原本停滞的时间开始流动。为了体现玩家在任务中确实花费了一定时间，这时时间速率会加快，这种时间速率加快可以从场景地图环境中体现。例如在《赛博朋克 2077》第一幕的"偷货"剧情中，从主角视角第一次看向窗外时，游戏时间还是黄昏（图 5-25）。而当玩家进入电梯前往顶层时，再次看向窗外，游戏时间已经到达深夜（图 5-26）。两次看向窗外的现实时间相隔不到 1min，可以体验到时间速率的加快。

在《赛博朋克 2077》中，还有一种时间速率加快的方法，在游戏序章结束时运用了大量蒙太奇的手法，将游戏主人公 V 半年来多个展现日常生活的镜头进行了组合，虽然在这段 2min 左右的蒙太奇片段中没有任何提及时间变化的文字，但是玩家能够明显地感受到时间速率的加快。

图 5-25　第一次看向窗外

图 5-26　一分钟后再次看向窗外

（4）跳跃：时间的跳跃是指从当前时间跳跃到玩家想前往的目标时间，并且省略当前时间与目标时间之间的时间。这样既照顾游戏剧情，又加快游戏节奏。在《赛博朋克2077》中，这种方式经常出现在玩家接取或完成任务时。例如在图 5-27、图 5-28 中，当前时间 NPC 不会出现，玩家需要等待 NPC 出现才能进行交谈和接取任务等操作。此时玩家可以选择"等待"或使用游戏的时间跳跃功能，从当前时间直接跳跃到目标时间，从而省略大量时间。

（5）重复：时间重复是大多数游戏的基本功能之一，它允许玩家在操纵人物死亡或者任务失败后再次挑战，直到玩家成功为止。在《赛博朋克2077》中，玩家操纵的人物死亡或者任务失败后，游戏的时间节点会回到上一个存档点来重新开始这段时间的游戏任务。然而，并不是所有游戏都如同《赛博朋克 2077》一样存在时间重复的功能，部分游戏的时间在玩家操纵的人物死亡或者人物失败后会持续流动，不会重复（图 5-29）。

图 5-27　《赛博朋克 2077》等待 NPC

图 5-28　《赛博朋克 2077》时间跳跃功能

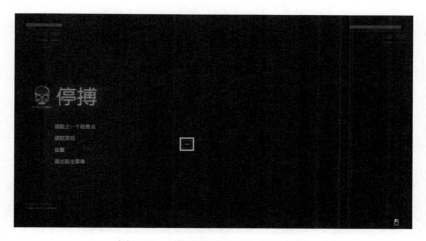

图 5-29　《赛博朋克 2077》死亡界面

（6）自由控制：对时间的自由控制是指玩家可以不受任何约束地去控制一段时间，对这段时间进行随意的播放、暂停、快进、快退、重新开始、切换编码层、回放等操作。在《赛博朋克 2077》中，玩家在"超梦"中可以对时间进行自由控制，通过这些操作，对一段时间进行细致地搜索，寻找到能够帮助玩家进行游戏的信息（图 5-30）。

**3）高弹性**

从高弹性的方面看，除了极少部分限时完成的任务外，游戏场景地图中的时间是相当自由的，具有极高弹性的，玩家不必像现实中一样，在固定时间点开始工作，在一定时间内完成工作。在游戏中，玩家完全可以按照自己的节奏进行游戏。

一般来说，玩家在任务之中，可以选择直达目的地，也可以选择对任务场景地图进行细致探索、与 NPC 进行非必要交谈（在电脑屏幕下方使用蓝色字体显示）（图 5-31）、进行可选任务（在电脑屏幕右侧使用黄色字体显示，并标注[可选]）（图 5-32）等。

图 5-30 《赛博朋克 2077》"超梦"中自由控制时间

图 5-31 非必要交谈

图 5-32 可选任务

玩家执行任务时不受时间限制，这意味着玩家所执行的任务与任务之间是不需要具备连贯性的。如图 5-33 展示了玩家游戏期间执行任务的弹性时间图。游戏期间，如果玩家想要连续体验剧情，可以立即开始下一个任务，不进行其他活动来干扰主线剧情；反之，如果玩家并不着急完成主线任务，想要提升自身能力，也可以在任务期间或者自由活动时间选择进入支线任务、强化自己装备或者探索未知区域等一切玩家想要进行的活动。

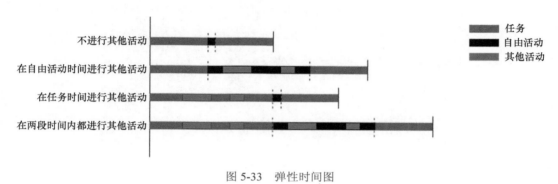

图 5-33　弹性时间图

# 5.3　游戏地图的人生观

《模拟人生》设计师 Will Wright 说过："有人说游戏无法像电影一样影响人们的情感，我认为并不是这样——他们只会给你一些不一样的情感体验。我从来没有在看电影的时候感到过骄傲或者内疚"。与人生不同，在游戏当中，你永远都不会因为爱上的人不爱你而苦恼，你也不会在为了创造投入精力之后却一无所获而苦恼。

## 5.3.1　游戏地图的心流体验

游戏地图作为游戏世界的重要组成部分之一，既是玩家进入游戏世界的窗口和入口，同时也是玩家探索和挑战的场所。良好的游戏地图可以使得玩家获得更好的体验，在愉悦的环境中有效地面对游戏任务，而不良的游戏地图往往使玩家感受到挫败感而放弃。当玩家在感觉到轻松的情况下就会进入一种愉悦的最理想行为状态，这种状态被心理学研究者 Mihaly Csikzentimihalyi（米哈里·契克森米哈赖，以下称之为"米哈里"）称之为心流（Isbister，2016）。在这种心流状态下，玩家会完全专注并沉浸到游戏世界中。伊万·屠格涅夫曾说过："时光有时像鸟儿飞逝，有时像蜗牛爬行；但注意不到时间究竟是快是慢的时候，才是人最幸福的时候"。当一件事情长期吸引我们全部的注意力和想象力时，人就进入了一种有趣的精神状态：周围的世界似乎疏远了，心中没有任何杂念（Schell，2008）。从心理学角度来看，这就是一种心流体验。很多游戏设计师尝试将心流理论运用到游戏的设计中，但真正将心流理论应用于游戏设计的突破是在由华人游戏制作人陈星汉和他的团队 Thatgamecompany 所开发的游戏《流星花园》中实现的，随后陈星汉和他的团队又开发了《风之旅人》，该游戏的推出使心流这个词逐渐被人所熟知（图 5-34）。

图 5-34　游戏《风之旅人》

### 1. 心流体验的要素

在游戏地图中，心流体验是指玩家在做任务时完全沉浸在游戏场景中的一种状态，并感到高度的乐趣和满足感。根据米哈里在《心流：最优体验心理学》（Csikzentimihalyi，1990）中所写到的，玩家想要进入心流状态需要满足以下八个要素：

（1）需要技巧并且具有挑战的操作：对玩家而言，游戏难度的设置会直接决定玩家在游戏中的体验感，无论是过于简单的游戏设计还是过于复杂的游戏设计都会使玩家失去对游戏的兴趣。如果每项任务都是一个挑战，玩家可能会太过压抑并且感到气馁。相反地，如果每一个任务都过于简单，玩家会觉得越来越无聊。只有在任务的难易程度上有了一个好的平衡，游戏才能持续带给玩家心流体验。在挑战和无聊之间保持平衡是一个微妙的过程。如果这个平衡把握得当，对玩家而言，心流体验将会接踵而至，而他对游戏的参与感会更强。因此，一个好的游戏设定一定是让玩家实时地处于富有挑战性的区间，同时需要的技巧也在不断提升。以《绝地求生》为例，玩家需要在不断缩小的地图范围内寻找武器、弹药和配件等资源，并击败其他竞争对手。对玩家而言，搜索物资的过程需要有一定的耐心，而击败竞争对手则是一项具有挑战性且需要技巧任务，因为这是一个多人在线游戏，玩家会面临多种不确定性的因素，例如天气、地形、敌人位置、武器弹药储备、生命值、信号圈的刷新，以及随机的轰炸等，如图 5-35 所示。游戏中，玩家可能遇到一个敌人，也可能遇到多个敌人，随着敌人数量的增加，玩家面临的挑战难度也随之增加。因此，玩家需要不断地做出决策，这就要求玩家必须保持高度专注，也就是进入我们所说的心流状态，一旦玩家击败了所有竞争对手就会获得成就感和满足感。

图 5-35　《绝地求生》地图

（2）动作与意识的配合：动作是玩家与游戏世界互动的方式，而意识则是为了提高游戏技能，指导玩家进行更好的决策。在游戏中，玩家需要不断地运用自己的技巧来应对新情况，同时不断地评估自己的决策，并反馈到下一个决策中。换句话说，玩家的心和手需要同时参与到游戏中。在一些竞技类型游戏中，动作和意识之间的配合会直接影响到玩家的游戏体验，玩家需要时刻保持动作和意识之间的协同，才能享受到游戏所带来的乐趣。例如在《绝地求生》中，玩家需要根据信号圈的刷新及敌人的位置，判断下一个踩点位，这时玩家需要尽快做出决定并且行动，否则可能会失去一个最佳的位置，进而影响是否会进入决赛圈及是否会获得胜利。如果玩家在转移的过程中，与其他玩家发生撞点的情况，就需要瞬间做出决定，是选择击败对方还是选择离开这个位置，但无论做出什么样的选择，玩家的动作都需要紧跟意识做出反应。当玩家的动作与意识保持高度一致时，玩家的注意力很容易被游戏吸引，自然而然地就会陷入一种心流状态。

（3）清晰的目标：对玩家而言，明确的目标会让玩家清楚自己需要做什么，在完成目标的过程中就更易进入心流的体验。例如，在《塞尔达传说：旷野之息》中，玩家的主要目标是击败游戏中的最终 BOSS——灾厄加农，但玩家需要完成一个个关卡才能到达最终的区域。玩家每到达一个关卡都可以见到高塔，如图 5-36 是玩家前往森林之塔的场景，此时玩家的目标就是登上森林之塔。玩家登上森林之塔之后可以发现周围其他高塔和神庙的位置，而这些高塔和神庙就会成为玩家的新目标。

反之，如果玩家不明白游戏的目的，不清楚自己需要做什么，则会很快对游戏失去兴趣。以第一人称视角的冒险解谜游戏《弗吉尼亚（Virginia）》为例，玩家在地图探索中并没有实质的目标指引，只能随机选择出发情景和时间，导致目标极度不清晰，玩家一直处于云里雾里的状态，不知道为什么要做这件事。目标是一个人试图完成行动的目的，也是引起行为的最直接的动机，设置合适的目标会使人产生想达到该目标的成就需要。当目标难度适中时，能够最好地激发玩家的动机，催发出最好的行为表现。在游戏地图中，缺少目标，就等于缺少指引，有目标比没目标更让人有动力，也更容易进入游戏体验，也就是更容易进行心流体验。

图 5-36 《塞尔达传说：旷野之息》森林之塔场景

（4）即时的反馈：即时反馈就是一种"用来表明我们的行为正在导向目标和成功的信号"，这种信号既可以来自内在的自我，也可以来自外部评价。在 Mihaly Csikzentimihalyi 看来，即时反馈本身对于玩家进入心流状态并不是很重要，真正重要的是这个反馈信号能让玩家觉得达到或者更接近目标了。玩家一旦得到了自己想要的反馈或者合适程度的反馈，就会处于持续的愉悦中。游戏中，即时反馈的形式并不单一，可以是声音反馈，也可以是视觉反馈、触觉反馈，以及界面反馈等。以《泰坦陨落 2（Taitan fall 2）》为例，当玩家成功击中敌人或者取得胜利时，系统会发出一个命中或者胜利的提示音，通过提示音将信号反馈给玩家。玩过《Dota》和《王者荣耀》的玩家，在击败对方英雄时会时常听到"First Blood""Double kill""Killing spree"，以及"Godlike"等系统发出的提示音，这种提示音会对玩家形成一种鼓励的作用。

（5）专心于手上的任务：我们的大脑理解世界，有一项关键技巧，那就是选择性地集中注意力——忽略一些事物，对另一些事物投入更多精神能量。对于玩家来说，这种精神状态更容易使其进入心流状态，更容易完全沉浸在游戏中。反之，玩家如果经常被偷走专注力，就很难达到心流状态。正如 Jesse Schell 无须思考的低技术劳动会令思绪漫游，对于游戏地图的设计而言，场景地图应聚焦任务，不能过于复杂，否则就会分散玩家的注意力。例如，游戏《风之旅人》为玩家提供了一段风景美丽且具有挑战的旅途。在游戏中，玩家需要与另一位玩家进行在线合作，但在整个游戏过程中，玩家对彼此来说都只是一位陌生人，玩家之间需要进行没有文字的合作，最重要的是需要彼此信任和集中注意力。

（6）控制的感觉：控制的感觉是指玩家操控游戏角色或场景地图时所产生的感受和反馈。影响玩家对于游戏角色和场景地图控制感的因素主要有：游戏中行为的实时的反馈、可控的游戏进度和方向，以及可控的游戏难度。玩家对游戏的控制程度会直接影响玩家的游戏体验及心流体验。一方面，玩家对游戏控制越强，不仅会为玩家带来满足感的同时也会减少游戏给玩家带来的不确定性。另一方面，如果由游戏本身控制了整个流程，玩家就会失去对游戏的控制，很容易减少对游戏的探索乐趣，并陷入挫败感和无力感，从而影响游戏的心流体验。以图 5-37 所示的《我的世界》为例，该游戏给予了玩家极高的自由度，玩家可以在世界各地自由移动和建造建筑物，对游戏有极强的控制权。

图 5-37　《我的世界》游戏场景

（7）自我意识的消失：根据 Mihaly Csikzentimihalyi 在《心流：最优体验心理学》一书中所讲，自我意识的消失就是指玩家需要进入"忘我"的状态，但这并不表示心流状态下的玩家不再控制自己的精神能量，或不知道自己的身体或内心发生的一切变化。相反，这种状态能帮助玩家更好地沉浸在游戏世界中，从而忽视时间和周围环境，专注于当前的游戏任务或挑战。在一些动作游戏、射击游戏、策略游戏，以及角色扮演游戏等类型中，玩家更容易进入这种"忘我"的状态，也就更容易进入心流状态。以《泰坦陨落 2》为例（图 5-38），该游戏以第一人称视角展开，玩家通过驾驶和操

图 5-38　《泰坦陨落 2》玩家操作的机甲

纵机甲进行战斗，会有一种身临其境的感觉，这种情况下玩家可以把自己当作是自己所操控的角色，玩家需要快速反应并做出操作，故而玩家会比较容易进入"忘我"的状态。

（8）改变了的时间意识：前面"游戏地图时间观"中提到过游戏世界的时间观与现实世界的时间观大相径庭，现实世界的时间观是线性的、完整的、单一角度的，而游戏世界的时间观具有非线性、碎片化，以及多角度等特征。比如在《塞尔达传说：旷野之息》中，游戏时间与现实时间的比例为 1h 等于 1min，即游戏里的一昼夜时间等于现实世界中的 24min。这是为了让玩家能够在有限的真实游玩时间里体验到更多的内容，而到了夜晚环境，整个海拉鲁大陆的生物行为模式也会变化，骷髅成了主要的怪物，而白天活跃的怪物都在睡觉。从结果上来说，这一部分的时间系统，给予了怪物合理的行为模式，它们会因时间和环境的变化改变自己的行动方式，这恰巧说明了时间流逝的作用，这种设计也进一步增强了游戏的探索感和体验感。

## 2. 心流体验的影响因素

场景地图作为游戏地图的最重要组成部分之一，在展示游戏的故事和世界观及提供游戏探索性和挑战性等方面起着重要作用，故而场景地图对玩家在游戏世界中的心流体验至关重要，优秀的场景地图设计可以帮助玩家更好地沉浸在游戏世界中，提高游戏体验的满意度和吸引力。

从场景地图的角度看，影响玩家在游戏地图中心流体验的因素主要包括以下几个方面：

（1）场景地图的细节和复杂度：场景地图是游戏最直观的体现，可以体现游戏的时代背景。一个足够优秀的场景地图会给玩家一种视觉上甚至情感上的"吸引力"。一个优秀的场景地图不仅需要严格把握各种细节，还需要平衡场景的复杂度，以确保玩家的游戏体验感。在场景地图的复杂程度上做出平衡是游戏设计艺术的一部分。如果每个场景地图都是极复杂的玩家可能会因为理解地图而感到疲惫和气馁。相反，如果每个场景地图都很简单，没有细节体现，玩家会觉得越来越无聊。心理学家研究证明，人们喜欢中等程度的复杂，而不是简单，也不是过于复杂。也就是说，太过复杂的场景地图会让玩家感到疲惫，太过简单的场景地图又会令玩家感到乏味。故最理想的复杂程度，应该是变动的，场景地图的设计理应遵循"如无必要，勿增实体"的原则。以《荒野大镖客2（Red Dead Redemption）》为例（图 5-39），该游戏中的场景地图有许多极致的细节，例如铁路上修铁路的工人，他们真的在认真地修铁路，可以看到在他们一下又一下地挥舞着锤头砸向钉子，而钉子真的随着每一锤而逐渐嵌入铁轨中。另外，游戏里的容器是可以被玩家打坏的，比如图中的牛奶罐被用手枪击破后就流出了液体。盛有不同类型液体的容器被打坏后流出的液体也是不同的。比如打坏牛奶罐流出的就是牛奶，打破酒桶，流出的就是啤酒，打破水槽则流出清水。当然最细节的一点就是，在把容器打破液体流完了之后，在第一次击破口的下方再击破一个口，液体还会继续流出，可以说物理效果完全给做出来了，非常细节了。再如游戏里到冬天时，房屋屋檐边会结冰锥，这些冰锥是可以被玩家给打破的，并且还会有枪击冰块上的攻击特效。这些细节处理都恰到好处，既可以让游戏场景更加逼真，同时也能提高玩家的游戏体验感。

图 5-39  《荒野大镖客 2》中的场景细节

（2）场景地图的交互性：一位知名的计算机科学家 Glassner 博士写道：交互性能让游戏变得精彩，游戏设计师应该尽可能地让整个游戏体验具备交互性。游戏地图作为承载玩家世界和游戏世界的交互桥梁，承担着引导玩家进入游戏世界并获得沉浸感、满足感，以及成就感等心流体验的责任。游戏的场景地图是玩家与游戏世界交互的最重要场所，交互的方式分为很多种，比如以拟物的方式。在游戏《地铁：归来（Metro：Redux）》，交互设计大多数是通过拟物的方式来呈现，从进入游戏开始的界面就非常写实。主界面整体设计为一台机器（图 5-40），相应的系统功能入口设计和机器操作部件设定非常吻合，远景可以看到一个入口，引导玩家开始进入游戏的世界，这个主界面的设计不仅拟物，而且贴合世界观，前几代都是在地铁隧道中战斗，这部玩家要探索外部世界，所以开始旅程的初始就是一个通往外部的出口。

图 5-40 《地铁：归来》中的有场景和剧情感的主界面

（3）场景地图的美学和情感吸引力：游戏设计师 Jesse Schell 在《游戏设计艺术》一书中指出："美学思考是将游戏体验变得令人享受的要素之一，好的美术作品能为游戏做出许多贡献，如将玩家吸引到他本可能错过的游戏中去，能让游戏世界感觉更紧凑、真实与宏大"。优秀的游戏作品中最重要的东西不仅仅只有游戏的机制，场景地图的色彩和风格也不可忽视。就像美丽的事物对人们往往都有着不可抗拒的吸引力，优美的场景地图更容易使玩家感到愉悦。如果场景地图具有吸引力，可以让玩家更好地沉浸其中，进入心流状态。《塞尔达传说：旷野之息》中的美学设计就非常精美，游戏中的世界非常广阔，从沙漠到森林，从雪山到海滩，每个场景都有非常精细的细节和设计，都可以给玩家带来了非常不同的感觉（图 5-41）。

从场景的情感吸引力角度来看，《风之旅人》的主线任务讲述了主角在沙漠中跋涉最终到达有着灯塔的山峰的故事（图 5-42），故事本身就展现出对人生的喻指。在情感上，游戏能引发一种在真实世界中与他人一起面对一个临时而具有挑战的冒险任务的感觉加之其场景地图在视觉上基调优美平和，甚至带有挽歌的氛围，以及 Austin Wintory 创作的背景音乐，整个游戏可谓是极具情感吸引力和游戏体验，很容易让人深陷其中。

图 5-41　《塞尔达传说：旷野之息》中的场景地图

图 5-42　《风之旅人》场景地图

### 5.3.2 游戏地图中的成就感

当设计师为玩家提供有趣的选择并让玩家沉浸在游戏地图的心流体验中时,他们也可以通过游戏地图激发玩家一系列的其他情感——满足感和成就感。《游戏改变世界:游戏化如何让现实变得更美好》中也提到了游戏可以提升人的幸福感,因为几乎所有的游戏都具有四大特性:目标、规则、反馈系统和自愿参与,游戏的这四大特性让玩家可以体验到现实生活中无法体验到的成功,进而转化成成就感和满足感。简单来说,成就感是指玩家完成某项任务或达到某个目标时所感受到的满足感和自信心。在游戏中获得成就感的时刻是令玩家投入其中并融入游戏的情境而不至于感到挫折、无聊或是压抑的关键(Despain,2013)。

从游戏地图的角度出发,成就感是玩家在游戏内在逻辑中,满足了部分自我价值实现的。游戏地图作为游戏的基础和核心,不仅承载着展现游戏的背景和世界观的任务,还承担着为玩家提供游戏探索和挑战的责任。因此,除了玩家在游戏中的经历,游戏地图作为玩家在游戏中探索和冒险的主要场景,对玩家获得成就感也起着至关重要的作用。在游戏地图中,玩家获得成就感的途径是多样的,可以是建立自己的游戏场景所体验到的,可以是玩家获得任务奖励所带来的,也可以是玩家完成某个关卡任务或者取得游戏胜利获得的。

游戏的背景、世界观、剧情走向,以及场景设计往往会给予玩家新奇的体验,这就是玩家对外感知的一种"新鲜感"。在游戏行业中,像《阴阳师》《明日之后》《一梦江湖》等游戏之所以能够在早期大火,就是因为这些游戏在各自的领域内实属"蓝海",玩家初期的体验是极具新鲜感的。玩家在游戏中获得的成就感往往就来自于一个未知的游戏背景、游戏地图中的种种关卡和挑战等。从一个未知的地图开始,玩家需要不断地探索和发现新的地点和秘密,这种未知性和挑战性能够让玩家感到非常的兴奋和满足,从而激发出玩家的兴趣和好奇心。在这个未知的游戏地图中,玩家需要解决各种谜题和难关,如解谜、攀爬、跳跃和寻宝等,这些挑战都需要玩家有一定的智力和技能。一旦玩家在游戏中成功地完成任务并获得奖励,往往会引发强烈的满足感和成就感,因为这可能是其他游戏中所无法替代的。但这种成就感不是仅仅通过游戏的道具或装备来获得,也来源于玩家自己的努力和奋斗。

动作冒险类游戏《古墓丽影》以古墓探险为题材,讲述了女主角劳拉·克劳馥的探险旅程和成长经历。虽然《古墓丽影》不是第一个采用古墓探险题材的游戏,但该题材在当时的游戏市场上仍是非常新颖和独特的。除此之外,此前的古墓探险游戏大多采用男性主角,而《古墓丽影》中的女主角劳拉·克劳馥则成了游戏史上第一位女性主角,这也为后来的游戏开了先河。古墓探险题材加之女性主角的设计给了玩家足够的新鲜感,加之游戏中采用了非常丰富的探险元素和解谜设计,以及精美的场景地图设计,让玩家可以在游戏中体验到真正的探险和冒险。通过不断地探索、发现、战斗和解决谜题,玩家可以获得丰富的游戏体验和成就感。如果我们细谈玩家在《古墓丽影》中可以获得的成就感，《古墓丽影：崛起（Rise of the Tomb：Raider）》是一部比较典型的作品。作为《古墓丽影 9》的续作，《古墓丽影：崛起》精美的游戏场景设计及庞大的冒险剧情令人沉迷其中。例如在《古墓丽影：崛起》开局的雪山任务中（图 5-43），玩家需要翻越雪山，并避开各种陷阱和危险。对玩家来说，翻越雪山在现实生活中是一件很难实现的事情，所以玩家很难在现实生活中体验到这种成就感，但在游戏中这些感觉取决于玩家的操作。

图 5-43　《古墓丽影：崛起》中的雪山场景

此外，玩家在游戏地图中的战斗和获得的稀有资源也是一种成就感来源。在地图中，玩家需要面对各种危险的敌人和怪物，需要使用各种武器和技能进行战斗。当玩家成功击败敌人或者获得某种稀有物品后，会产生一种成就感和满足感。如玩家在《塞尔达传说：旷野之息》中穿过充满未知和神秘的迷雾森林，历经艰难险阻，拔出可以帮助打败最终 Boss 的大师之剑，这时玩家很容易产生强烈的成就感（图 5-44）。这种感觉不仅是对自己能力的认可，也是对付出的努力和时间的肯定。这样的成就感和满足感可以激发玩家更好地投入到游戏中，不断挑战自我，追求更高的游戏成就和目标。

图 5-44　《塞尔达传说：旷野之息》玩家拔出大师之剑

### 5.3.3 三元空间下的游戏体验与现实生活对比

承认自己对游戏上瘾的作家关张（Frank Gun）在《纽约》（New York）杂志上的文章中指出："游戏相当具有诱惑力，因为和人生不同它的规则是可以预料的"。他解释清楚了"游戏"可以带给我们，但真实世界无法提供的东西。他还指出："首先，与人生不同，游戏意义明确：和所有运动一样，不论是数字游戏还是模拟游戏，总有通往成功的规则（和在社会上不同，这些规则人人可见）。游戏之中的目标，和在社会上不同，直接可见而且从不打折。你永远都是主人公：在看电影和电视的时候，你只能看他人表演。在游戏中，你就是原动力，和参加体育运动的人不同，你不用离开家就能参赛、探险、交流、发挥作用或感受快乐，而且游戏可以让你同时做到这一切"。

事实上，当我们对人生和宇宙感到困惑时，我们不会潜意识去从游戏中找寻答案。这是因为我们通常认为游戏是我们用来逃避事实的选择，我们通过玩游戏来忘记现实世界的痛苦。但事实却并不总是如此。自从游戏出现以来，人类一直将它作为体验人生的一种实验。仔细想想确实如此：没有其他媒介能够像游戏这样，让我们真正探索人生的各种可能性。

在游戏设计中，游戏中的三元空间，即自然地理空间、人文社会空间和信息空间，为游戏设计师提供了广阔的创作空间和表现手段，可以让玩家在游戏中体验到不同的人生感悟和启示。因此，许多游戏设计师喜欢将人生观融入游戏设计理念当中，以此来传递游戏的深层意义和价值。这是因为游戏作为一种娱乐形式，不仅仅是为了消磨时间，更是为了提供一种思考和反思的机会。这类游戏在游戏领域不计其数，最具典型的包括《模拟人生》《风之旅人》《去月球（To The Moon）》《挑战自我（Alter Ego）》，以及《奇异人生（Life is Strange）》等。

由 Maxis 开发并由艺电公司发行的一系列生活模拟类电子游戏《模拟人生》可以说是极具人生体验，这个游戏的设计理念得益于他的主创设计师威尔·莱特在 1991 年的奥克兰大火中失去了自己的家园，威尔·莱特在开始重建自己的生活中受到启发而计划开发一个"虚拟的娃娃房屋"。有人把《模拟人生》视作自己的人生模拟器，体验现实中无法企及的梦想；也有人将其视作人类观察，为小人设定了基本属性后就撒手不管，看他们在极度自由下会发展成什么样。《模拟人生》陆续出过无数不同的版本，但其本质还是对人生的真实模拟，游戏中没有既定的游戏目标，玩家所要做的就是控制游戏中的虚拟人物——模拟市民（Sims），满足他们的需求和渴望，为他们规划一个完满的人生。同时，玩家也可以通过游戏中的建造系统，自由地建设房屋，布置家居环境，给模拟市民们打造一个完美的家，如图 5-45 是一位玩家在《模拟人生 4》中自己建造的别墅。在现实生活中，玩家可能会因为各方面的原因苦恼没有一个属于自己的别墅，但在这个游戏中玩家可以尽情地发挥自己的想法。这个游戏总是充满了惊喜和痛苦，可以说是策略游戏，也可以说是肥皂剧，因此，《模拟人生》可以说是对社交力和心智的体验。

图 5-45　《模拟人生 4》中玩家建造的别墅

饱受赞扬的独立游戏《风之旅人》在视觉上基调优美平和，甚至带有挽歌的氛围。游戏的主线讲述了在沙漠中跋涉最终到达有着灯塔的山峰的故事，这个故事本身就是对人生的喻指。他的主设计师陈星汉说他想给玩家一种渺小的感觉，就像宇航员行走在月球上的感觉，想让玩家在雄伟的场景中体验敬畏之心。玩过这个游戏的人都会发现，整个设计选择都是围绕这个愿景做出的。这一点从游戏中穿着斗篷围着围巾的矮小人物出现在雄伟壮丽的地图里就可以看出。另外，这个游戏要求两位玩家进行在线合作，但在整个游戏过程中，两位玩家对彼此来说都只是陌生人，他们之间无法通过对话进行交流，只能通过跳跃进行交流，但却要求他们要彼此信任。从情感角度来看，这个游戏能引发一种在真实世界中与他人一起面对一个临时而具有挑战的冒险任务的感觉。如图5-46 是两位玩家合作搭桥的场景地图，为了走得更远，玩家需要把自己的命运和同伴的捆绑在一起。

图 5-46　《风之旅人》游戏场景

　　在这类游戏中，游戏不只是一种活动，也是玩家的生活，玩家根据游戏场景的设计指引着玩家做出选择，体验人生的各种可能性。同样地，玩家也不断地在由游戏所展现的生活场景中体现出游戏精神、游戏品质。

## 参 考 文 献

汪代明. 2004. 论电子游戏的时间艺术. 三峡大学学报(人文社会科学版), (3): 31-34.

Csikzentimihalyi M. 1990. 心流: 最优体验心理学. 张定绮译. 北京. 中信出版社.

Despain W. 2013. 游戏设计的 100 个原理. 肖心怡译. 北京: 人民邮电出版社.

Foster S, Brostoff J. 2016. Digital Doppelgängers: Converging Technologies and Techniques in 3D World Modeling, Video Game Design and Urban Design. Berlin, Heidelberg: Springer.

Isbister K. 2016. 游戏情感设计: 如何触动玩家的心灵. 金潮译. 北京: 电子工业出版社.

Lammes S. 2008. Spatial Regimes of the Digital Playground: Cultural Functions of Spatial Practices in Computer Games. Space and Culture, 11(3): 260-272.

Schell J. 2008. 游戏设计艺术. 刘嘉俊等译. 北京: 电子工业出版社.

# 第 6 章　游戏地图的空间导航和引路

研究表明游戏能够提高人的导航认知能力，游戏地图作为游戏的核心，在重构世界、模拟现实、叙述故事、传播文化、激发人们探索欲、培养人形成认知体系方面拥有很强的优势。本章主要以游戏地图为研究对象，以经典导航认知理论为基础，重点分析游戏地图中的导航引路模式，并以典型游戏实例加以说明。

## 6.1　地理空间认知与导航

随着计算机技术的发展，构建虚拟地形环境成为地理环境空间认知的一种新的形式。游戏地图契合这种虚拟的环境优势，将叙事化模式和导航认知相结合。值得注意的是，本书所指游戏地图的导航与引路建立在地理空间认知的大背景之上。导航认知的发展和游戏认知的发展最早均源于心理学方面的研究，而后转移至地理学层次。但从地理空间认知角度研究游戏导航认知的却很少。因此从地理角度研究游戏地图的导航与引路，在某种程度上可以为现代导航认知的发展提供参考和借鉴。

### 6.1.1　地理空间认知

#### 1. 导航的认知

了解周围物体的位置及如何到达其所在地对于绝大多数生物开展活动是至关重要的。自然界大多数动物都必须离开它们的巢穴去寻找食物，并正常返回。觅食的旅程可能是漫长且不可预测，找到回家的路往往需要他们在不熟悉的环境中导航。动物们对环境的认知和导航，可能通过各种视觉、听觉、嗅觉、触觉、动觉感受，以及对电场、磁场或者重力场的感觉来获取移动距离变化和方向的信息。除此之外，它们也会使用地标来找到重要的物体和地点的位置（Vasilyeva，2005）。

而我们人类，为了身体健康和在人类社会生存的需要，我们必须到不同的地方去执行日常任务、工作、上班与学习、拜访亲朋好友和锻炼身体等，这些任务需要对我们的环境进行精确的空间表征，以便进行适当的导航。现实世界的导航需要结合认知技能，如物体识别（what）、定位（where）和避障（how）（Maguire et al.，1999）。人类在环境中移动直接通过感觉运动系统来获取空间知识和信念。Schacter 和 Tulving（1994）将导航过程中需要的信息进行了分类并分别称为"nondeclarative or declarative knowledge（技术性知识或者陈述性知识）"。技术性知识是具有操作性的知识技能体系，包括程序性技能和习得的运动习惯，即先验知识，陈述性知识包括一般事实的语义知识和经验事件的情景知识，它是有意识地获得的或明确的知识。

导航是一种身体与周围环境协调的、目标导向的空间旅行。从以人为主体上看，它可以理解为包括运动（locomotion）和寻路（wayfinding）两个部分。运动是指根据周围的感觉运动信息引导自己穿过空间，包括识别路面、避开障碍物、向可见地标移动等任务。运动需要的是先验知识，其往往在小尺度范围内进行，人在运动过程中往往未激活内心对周边环境的认知，通常不需要内部模型或环境的认知地图。寻路是指协调远端和局部环境的规划和决策，使人们在一个环境中以一种有效的方式，以目标为导向，有计划地移动身体，能够到达一个不在当前感官所感知领域范围内的目的地。在很大程度上，寻路是远端协调的，是较大尺度的活动，寻路任务大多数依靠陈述性知识，通常涉及环境的认知地图（Montello，2005）。导航过程以寻路为中心，以运动为手段来到达终点。它正是以地理位置为骨架，以先验知识和陈述性知识为血肉，构成人们对环境的认知。

从人为客体层面，即环境的角度来看，导航过程由运动和引路两个部分组成，运动过程依靠先验知识并未形成认知地图，且一般在熟悉的环境进行，此时环境对于人的影响力较小，只是一个提供路线、起始点和关键节点的支撑框架；引路则是人们根据环境的一些引导性元素将导航过程的节点，即地标性知识串联成路线知识，从而完成导航的过程。此过程也同样需要人的感官和心理活动的参与。

总的来说，导航即导引航向，是一个系统性的行为（参考《漢典》关于"导航"的解释与《牛津英语词典》关于"navigation"的解释[①]），是人们寻路与环境和外物引路的共同作用。人是如何认知这个东西，这表现为导航的寻路模式。环境和外物是如何被人所认知及如何引起人的关注，这表现为导航的引路模式。人们借助先验知识来对环境形成初步的认知，之后通过规划好的路线或者直接的探索，根据环境的引导性线索如地标性知识和目的地路线相匹配，开始该导航路程，并逐渐形成路线知识，构成导航认知的过程。

## 2. 环境的认知影响因素

不同的地理环境为导航任务提供了不同的信息，不同的信息允许不同的导航策略。而地理空间认知的研究内容正是地理对象在地理空间的位置（where）和地理对象本身性质（what）（Goodchild et al.，1999），因此使用地理空间认知的理论对导航过程中的环境因素进行解析。

导航区分建筑环境和自然环境，两者最重要的区别之一是：建筑环境中通常配备了一个符号标记系统，告诉人们在哪里和要去哪里；自然环境需要个人去定义，虽然现在很多的自然地物已经被人们赋予各种名称和类别，但实际导航过程中需要先验知识来辅

---

[①] https://www.zdic.net/hans/%E5%AF%BC%E8%88%AA；
https://www.oxfordlearnersdictionaries.com/definition/english/navigation?q=navigation

助。一般来说导航过程中考虑的环境变量有：空间大小、环境的几何结构、环境的复杂性、环境整体色调、建筑风格、环境中突出的地标等。Weisman（1981）对环境进行了分析，总结为差异性（differentiation）、视觉可达性（visual accessibility）、空间布局的复杂性（complexity of spatial layout）和标识性（signage）四个区分因素。而这几个因素基本上全面概括了影响导航认知的环境因素。

（1）环境的差异性。一般来说，差异化大的环境更容易找到，因为它在区域环境中更突显，更引人注目，差异化的环境也会创造更加显眼的地标。但差异度过大且独立的环境反而失去了这种特征，并且会让人远离或使人迷路，例如在航海途中，太阳、星相甚至水色波浪可能也会比海面上突显的岛屿更具定位价值。差异化需要与周围环境形成一种连接关系，且差异化的环境连续性越强越容易给人印象（Appleyard，1969；Lynch，1960）。

（2）环境的视觉可达性。从不同的视角可以看到环境的不同部分的程度。主要表现为人们如何可以"看到"自己旅程的起点、终点及过程中的地标节点。在地图学领域称为视域分析：从一个环境中的单一位置收集的所有视图或街景的空间范围。这在导航过程中涉及环境的认知尺度问题（见下文 3. 认知的尺度）和参考系统的选择。

（3）空间布局的复杂性。复杂的布局可能使环境的方向辨别更加困难甚至混乱。通常会将其分割成多个结构清晰且形状简单的空间，并将不同部分进行有序地组织，使其布局的整体配置良好，这样更易被人理解，寻路就更容易了。如正方形比之菱形，圆形比之不对称的椭圆形更容易令人理解。人们显然试图将布局理解为良好的形式，当布局没有这样的形式时，就会导致迷失方向（Tversky，1992）。如 Lynch（1960）进行问卷实验中，人们常会在波士顿公共广场找不准方向，这是因为他们倾向于认为它是一个正方形，而实际上它是一个不规则的五边形。

（4）环境中的标识。指环境中有助于定位的符号系统。有效的标识必须从远处可以看清楚，设计上必须清晰简单，出现在人们导航中需要信息的地方（例如决策点）。自然环境中的标识一般为高山、河流，建筑环境多为人造建筑、路牌等道路标识系统。

一般来说，环境的差异性高、视觉可达性高、空间布局复杂度低时，更容易在环境中定位。而标识在导航过程辨向中是必不可少的。

个人与环境的可塑空间关系的本质也是环境特性的决定性因素（Proulx et al.，2016）。代表性的事例是建筑环境的发展，这是人类与环境长期相互作用和认知由人经验知识的积累和历史文明的成果。在建筑环境导航过程中起决定性作用的是环境意象，这是人们个体按照自己的意愿对所见事物进行选择、组织并赋予意义所归纳出的图像（Lynch，1960）。按照上文意象即为先验知识与陈述性知识的结合产物。

建筑环境中充当导向作用的意象具有一系列的特点：①拥有真实性和一定范围的有效性；②样式清晰易辨别；③具有安全稳定性，最好具有附加线索；④开放（可接近）并适于变化；⑤拥有和其他标识相联系的线索。"人们形成的环境意象自身并不是将现实按比例缩小、统一抽象、精确微缩后的一个模型，而是有目的地简单化，通过对现状进行删减、排除、变形，甚至是附加元素，融会变通，将各部分关联、组织在一起，才形成最终的意象"（Lynch，1960）。这个意象是人们对于环境的理解，也是人在日常进行导航等相关活动的重要依据。Lynch（1960）将城市意象元素的形态类型分为道路、标志物、区域、节点、边界：

（1）道路。意象的主导元素，人们是在道路上感知所在的环境。

（2）区域。区分为内部和外部，使人有"进入"和被包围的感觉，也有外部可识别的特征，是意象的组织者。

（3）节点。是区域的集中焦点或道路的连接点，也是人的聚集点和行动决策点。

（4）标志物。位置的引路标志和旅程中位置定位与更新的点状参照物。

（5）边界。是两个部分的屏障，也是相连接的线性要素。

对于某个环境对象，尺度不同，其身份可能不同，如一个公园，人位于其中可能将其视为区域；但是若公园正好在几条道路的连接处，在大尺度范围上它就成了节点。而意象元素都不会独立存在，区域由节点组成，由边界限定范围，由道路编织通行网络，并以某种自然地形或人为规则分布着标志物。"大多数城市居民心中拥有的共同印象。即在单个物质实体、一个共同的文化背景，以及一种基本生理特征三者的相互作用过程中，希望可能达成一致的区域"（Lynch，1960）。这是公共意象，是人们的一种普遍的意象概念，首先对这些进行了解再在导航中辅以自己的环境认知才能构成自己的环境意象。任何潜在的强烈意象都隐藏在地理位置当中，积极获取环境的知识然后才能设计好环境使环境更具有通航性。

## 3. 认知的尺度

Ittelson（1973）指出，有关环境的信息是通过多种方式获取的，人感知到的信息一定比最终脑海里形成的认知信息要多，信息量很大程度上取决于环境和物体空间的相对大小，即由环境尺度决定。

空间信息是根据地理边界、经济类别和各种功能分组来组织的。对环境的尺度划分有助于人们对区域的认识和管理自己的活动。但在对相关地理信息做出判断时，人们通过将环境的投射大小与自己的身体和行为联系起来，来感知物体之间的关系。

Holyoak和Mah（1982）发现，相对于一片距离遥远的城市，人们感觉附近的城市之间的距离更大，而这个意义上的近城和远城是由想象中的东海岸或西海岸视角决定的。根据经验，物理环境的布局也会影响距离判断，特别是杂物的数量、交叉路口和节点的数量或障碍物的存在。即空间不能含糊地成为大尺度空间或小尺度空间，更要从观察者的角度，更准确地说，是对一个人的身体和动作（例如看或走）的关注。物理环境的尺度划分忽略了个人形体的尺度在大小不同的空间的心理属性中所起的关键作用（Siegel，1981）。

Montello（1993）根据空间相对于人体的投影大小来区分它们，将心理空间分为四大类：形体空间（figural space）、街景空间（vista space）、环境空间（environmental space）和地理空间（geographical space）。形体空间比身体小，它的特性可以从一个地方直接感知而无须明显地运动。可以将其有效地细分为图形空间和对象空间，前者是指较小的平面空间，后者是指较小的 3D 空间。街景空间投射的大小大于或等于身体，但可以从单个位置视觉上察觉，而不用产生明显的运动。环境空间大于身体并可以包围着它，需要长时间的运动接触进行信息的集成来理解它的空间特性。地理空间在投射上比身体大得多，不能通过运动直接理解，需要借助符号表示来学习（例如地图或模型），然后进行划分，从地理空间到图形空间逐渐层次递减来理解。通常地图所抽象的正是环境或地理空间，但地图本身属于形体空间。所以对于地图的理解应从形体空间角度进行。

### 4. 社会意义的影响

规划师凯文·林奇（1960）认为，城市的"形象"指导人们的行为，并影响认知该城市环境的经验的形成。周边的环境对我们的认知影响越倾向于人们的社会性和历史性的结合。认知地图的最终形成不仅受到不同的外部因素的影响，有时还与内部的情感反应相关联。

最近的一些研究发现，空间域和社会域是相互作用的，尤其表现在空间导航与个人和社会群体的联系方面（Passini and Proulx，1988；Passini，1996；Pasqualotto and Proulx，2012；Pasqualotto et al.，2013；Marchette et al.，2011；Shelton et al.，2012；Rodman，1999；Kerkman et al.，2004）。空间策略因社交性而异，心理过程基于行动和知觉（Barsalou et al.，2003）。Shelton 等（2012）的研究发现，我们的位置感（或对环境的认知性）取决于社会自我与个人在空间中和他人或事物之间的相互作用和联系。即当导航的目的是找人或找与人相关的物时，人们的社交技能可能会帮助人们精确地定位。

尺度也受心理因素影响，这个心理指个体对一个结构的掌握程度的影响，是环境的归属感。而对环境的熟悉和认知程度也影响人们在环境中的导航模式。非常熟悉一个地方的人习惯于识别区域，并且会更多地依靠一些小的元素如标志物、节点进行组织和辨向，而绝对熟悉的人则感觉到的是城市所有部分之间的细微差别。如《城市意象》中凯文·林奇所做的实验：初到波士顿的人往往会通过地形、大的区域划分、大致的特征，以及大的方向关系来获取这座城市的意象；了解多一些的人通常已掌握了部分的路网结构，他们考虑更多是一些特殊的道路及其相互关系；最熟悉波士顿的人则一般更倾向于依赖一些小的标志物（Lynch，1960）。

人在社会中的身份也会影响对环境的认知，如人的职业、工作学习的领域，这会影响个人的个性、导航策略，以及许多认知和社会能力（Proulx et al.，2016）。

空间认知的重大进展可能对开拓新的空间至关重要。最早的人类居所建于旧石器时代（Lumley，1966），建筑环境使古人类能够为新奇的目的定义和重建三维空间。人是社会群体动物，环境的历史文化感和归属感对于我们认知世界是不可少的一部分，也是人类发展的证明。在发展建筑空间的同时结合人们的文明、文化，来定义更加宜居和符合认知的环境。

### 6.1.2 导航的过程

意象的形成需要借助导航中的多种元素，也是导航的基本过程。人在环境中的主动导航为寻路，Passini（1992）提出寻路由三个活动组成：知识存储和访问、计划行动的决策和将决策转化为行为的决策执行。Downs 等（1977）提出，寻路包括方向（参考系统）、路线选择、监控（更新）和目标识别。

将这些寻路理论转化为在环境中行为并与运动行为相结合，则是目标划分与环境知识储备，路线规划，定位辨向与位置更新，必要时利用地图进行导航统揽全局和订正目标。

**1. 目标划分与环境知识储备**

导航需要先验知识和陈述性知识的结合。先验知识是人在过去的生活经验和学习过程中获得的对环境的认知知识，陈述性知识需要在导航过程中进行不断地获取和学习。

在导航前，首先要对目的地有所了解，根据上文对环境的差异性、空间布局的复杂性、标识性进行相关信息的了解。其次考虑到旅程中的视觉可达性，对目的地根据环境尺度进行划分。即按照地理尺度如世界→国家→城市→省市县区→导航过程中人的一些基本活动（吃、喝、住、行、休、玩）进行地点的组织。根据认知尺度：地理空间→环境空间→街景空间→形体空间将旅程中的空间划分为人可理解的形体空间和街景空间。而大尺度空间通过地图等导航工具来认知。结合道路、区域、边界、节点、标志物对旅程进行分段规划。根据地理特征和一个或多个尺度的空间位置在地理上进行方向定位。在短的分段旅程和总旅程中以多个尺度进行定位辨向。

**2. 路线选择**

路线规划包括全局规划和局部规划。需要考虑的因素包括起点终点、全局路线的制定、途经的区域、总路线的划分和局部路线的确定、旅程中的关键活动点（吃、喝、住、行、休、玩）、在导航过程中所要使用的交通工具、对导航时间的估计、行程的安排等，其他影响的可能还有天气、道路的拥堵程度、捷径的选择、导航途中的一些意外的考虑、备用线路的选择等。总而言之，即在完成环境的知识储备后，优先考虑旅程中的几个重要节点：总旅程起点、总旅程终点、分段旅程的起始点、活动的节点。然后选择性价比（时间、消费等）较好的路线将之串联起来。路线选择具有普遍化和个性化的结合，这里不再详细讲述。

**3. 定位与位置更新**

地理定位通常包括知道个人的位置、距离和特定地点或特征的方向。定义方向的系统称为参考系统，也就是在一个参考框架中确定一个人的位置，涉及整合个人的视觉信号和环境的空间知识（Gunzelmann et al.，2004）。

Hart 和 Moore（1973）提出三种参考类型：自我中心型（egocentric）、固定型（fixed）和协调型（coordinated）。自我中心型即相对于自己的编码位置，以个人为中心，路线学习更可能导致以自我为中心的表现；固定型是根据环境的外部特征如自然的或建造的稳定的地标进行编码，是以物为中心；协调型是抽象的，是相对于地球表面的定位，一般以地心为中心。

空间的大小会影响所使用的参考系统。如果空间较小，即形体空间，个人对空间没有广泛的认知经验，则可能不需要自我中心型定位，对于足够小的空间，甚至不需要认知系统的参与处理（Day et al.，1999）。如果一个人可以看到区域的一部分或拥有一个地点的街景，即街景空间，则一般完全依赖于以自我为中心的参考框架（Meilinger et al.，2015）。如果区域位置的组织比较复杂，那么可能会从自我中心到以物中心框架的转变。类似地，如果有明确的地标，那么可以使用以物中心框架；如果没有，那么一个以自我为中心的参考框架将会占据主导地位（Shelton and Mcnamara，2001）。人对空间的熟悉程度会影响参考系的选择。一个人对一个地方的熟悉程度越高，对不同视角和方向的环境认识就越深入，这就提供了一种以地方为中心的表征，即以物为中心（Evans and Pezdek，1980；Thorndyke and Hayes-Roth，1982；Ruggiero et al.，2009；Iachini et al.，2014）。同样，一个人在一个环境中停留时间越长，会从先验经验产生的自我中心参照系向基于环境经验的以物为中心的参照系的转变。

人在导航过程中需时刻更新自己的位置信息，一般用到两种方法：基于地标的定位和航位推算（dead-reckoning）过程。而在导航过程中一般采取两种相结合的方式（Montello，2005）。除此之外，人们还使用符号媒体（如地图）来导航和保持定向。

**1）基于地标的定位**

地标作为存储在内部认知或外部地图上的空间关系知识的钥匙来帮助人们定位。地标识别可能基于听觉、嗅觉、雷达或卫星信号等。人类主要通过视觉来识别地标，因为视觉是空间和模式信息最精确的通道。

基于地标的过程包括外部环境特征或场景的识别。在某些情况下，用来识别外部特征的地标甚至可能是目标地。通过对地标的识别，形成旅程中一个个地标节点，称为信标，跟随信标前进而抵达目的地。我们也使用周围的地标来定位自己（找到我们的位置和方向）。地标是一个以物为中心的参考体系，可以得知地物、导航者和环境之间的关系。

人们通过对地标的学习，对路线进行表征，构建认知地图，并且在迷向的时候进行重新定位（朱静雅，2017）。环境中的众多地物都可成为地标。地标在一定范围内拥有清晰的样式、单一性、唯一性、较大范围可见性并在背景环境中突出醒目。在 Michon 与 Denis（2001）对于行人导航过程的研究中，发现道路、广场、建筑、商店及公园这类物体常常成为地标。Burnett 等（2001）研究表明在普遍使用的车载导航设备中，如交通灯、加油站等"道路设施"普遍被当作导航过程中的地标。

**2）航位推算**

航位推算是在知道当前时刻位置的条件下，通过测量移动的距离和方位，推算下一时刻位置的方法。在初始位置已知的前提下，整合关于移动速度、方向和加速度的信息来更新方向感（Vasilyeva，2005），主要在无信标环境下使用，这种机制是不断更新以自我为中心参考系的位置。如动物的航位推算，以沙漠蚂蚁为例，它依赖于自身和巢穴位置之间的自我中心参考系，返穴的路径与离穴相比是移动相同的距离和方向。动物航位推算原理是利用视觉流动的模式来获取移动距离变化的信息，并依赖前庭系统来表示方向的变化（Wehner，1999）。

然而，航位推算本身并不能提供完整的更新和导航方法。首先航位推算需要知道旅程的起始位置，这对于中途迷路从最近的位置开始设置方向来说是不可行的。其次航位推算存在误差累积的问题。在感知或处理运动信息时的任何错误都会随着时间的推移而累积，极少会有错误抵消的巧合，于是随着时间的推移人的方向会越来越偏离正确的路线（Loomis et al.，1993）。所以通常来说，定位需要基于地标的方法和航位推算两者结合。

从环境中学习是最有效的认知方式。研究表明，通过反复接触一个区域（指地标知识和路线知识）获得的知识，相对于接触表征（指调查知识）获得的知识，会使人更准确地发展一个区域的认知模型（Thorndyke and Hayes-Roth，1982）。而在某些条件下，特别是在涉及较大空间布局的任务中，环境具有不同规模的特征，并包含许多可选择的路线，人们在对空间关系和方向进行推理时往往不能够看到其完整面貌且存在先验知识的误解，如南美洲被认为是在北美洲的正南，而实际上它也在相当远的东方，这需要调查知识来校正。

## 6.1.3 地图在导航中的应用

### 1. 利用地图进行导航认知

研究表明从图形输入中获得的地理信息要比从文本中获得的类似信息保留的时间更长（Federico and Franklin，1997）。地图作为空间推理和空间知识的交流手段，图形的图式化与头脑的图式化相类似，使用地图可以同时获取地标知识、路线知识和调查知识。定位和导航性能可以通过地图有效地提高。

地图长期以来一直被用于导航和寻路。地图能够最有效地提供距离、方向和方位（构型）信息。从地图获取空间知识有助于更准确地获取环境的目标位置。使用地图学习一个新环境是以物为中心的表现。Uttal（2000）认为，地图对空间认知的影响既有特殊性又有普遍性。使用地图让人们可以从一种总览的视角根据不同地点之间的多种关系来思考一个特定的空间。通过思考空间的整体形状、构成元素和它们之间的关系，从而对环境有更加全局和完整的认识。使用地图进行导航的过程中，认为用户对地图信息的解释不仅受到在解释地图信息时所使用的认知过程的影响，而且还受到先前存在于地图阅读者认知领域中的先验知识影响（Morrison，1976）。

在导航过程中，用户面临着对导航地图进行阅读和认知的任务。如果是有明确目的地的导航任务，则可能需要多项任务的累积或合成，才能抵达最终的导航目的地。比如一些导航地图的符号认知、路线规划、自动定位、位置匹配等子任务，而导航途中可能还会发生一些意外事件，可能需要重新规划路线。不同的任务需要不同的导航策略来完成（Lobben，2004）。

地图导航的任务要求用户与地图和环境相互作用、相互联系。根据 Crampton（1992）的说法，为了将该区域的结构形象化，地图用户必须在脑海中将从地图上看到的区域特征和对象（形态、街道和建筑）的视觉形象进行认知，从而发展出一种心理表征的行为，形成认知地图来指导导航，完成与地图和环境交互相关的特定任务。前者的过程称为可视化（visualization），后者为自我定位（self-location）。

可视化是一个认知过程，是人从地图到环境进行任务交互的过程。人（地图用户）通过地图的可视化预测不在当前位置视线范围内的区域，并且在抵达那个区域时通过地图上的信息匹配实际环境信息而迅速识别出这个区域。可视化是地图用户主动阅读地图和导航的过程。通过此过程，地图用户将当前地图上自己的定位和现实环境中的位置进行匹配。

自我定位指的是一个人处在环境中而未知当前位置使用地图的过程，是从环境到地图的任务。通过识别现实世界的地标和关系（线索），将这些线索组合在一起，与地图上的相关地标和道路等线索联系起来，在地图上确定自己位置。

可视化与地图到环境任务相关联，要求用户在导航过程中引用地图，然后预测未来的情况，是地图用户在导航过程中的一个持续的过程；而自定位与环境到地图任务相关联，本质上是一种解决问题的行为。自我定位是离散的，会发生在导航开始、结束，以及在关键时刻（如"反复检查"位置或纠正错误决策时）在地图上定位自己（Lobben，2004）。

**2. 地图与现代导航技术的结合**

几个世纪以来，人类已经开发了各种新技术来辅助导航。其中一项关键技术是在地球表面定位的卫星系统，即全球定位系统（global positioning system，GPS）。现在，汽车导航系统、手机和其他类型的个人导航助手都可以以低成本和便携的方式访问该系统。特别随着卫星信号分辨率的提升，人们可以在地球上的任何地方精确定位自己，误差在几米以内，并根据特定情况灵活调整数字信息满足个人需求。这使得迷失方向的事故大大减少，给人们的出行带来安全和保障。

由 GPS 内置发展的导航地图软件（简称为导航地图）成为现代导航的最主要工具。它是 GPS 技术和现代地图制图技术的结合成果。新的数字技术可实现更加真实的 3D、高分辨率、动画、交互式的可视化。还有动态视觉变量如时刻、持续时间、频率、顺序、变化速率和同步，这些使得导航地图更加多样化和直观化。

导航地图设计主要为呈现空间信息的视觉显示，并能在大尺度的真实环境中促进导航（Thrash et al.，2019）。从认知科学的角度来看，导航地图可促进用户对各种空间关系的心理表征。当人们使用地图寻找目标时，需要在大脑中进行地图、环境和身体参考框架的转换，导航地图通过提供自动式导航，可以简化导航过程中所需的心理转换过程，从而提高导航效率。

根据空间知识获取的相关理论，在导航过程中，随着人们对空间的学习，空间记忆变得更具度量性和几何性。换句话说，随着经验的增加，心理表征的地点之间的距离与物理环境中所经历的直线距离更加趋向一致。此外，导航地图可以提供具有拓扑映射的空间信息。许多公共交通地图都用图表表示了地点之间的距离。例如，地铁导航图和公交导航图都是刻画各个地点之间的站数和连接的线，传递的是拓扑信息（Montello，2005）。

## 6.2 导航存在的问题

### 6.2.1 导航的困境

但是在生活中人们仍会迷路，而且在某些方面，人们会因为新技术而变得更容易迷路。卫星系统有时也并不可靠，受数据更新、卫星信号、环境地势、磁场、载体等限制，还有一些技术方面的原因，不仅可能不会给人以导航辅助，甚至会使人"误入歧途"。这种技术产生了一种虚假的安全感，而依赖于这种安全感会导致对传统导航的经验和导航过程中的环境认知的不重视（Montello，2005）。

"技术幼稚化"一词被用来描述技术让人类承担了推理的责任，并导致认知能力逐渐下降的过程（Montello，2009）。

人与机器之间的交互和互利有一个临界点，临界点之前表现为对新技术的逃避和拒绝，可能会使人多走很多弯路，技术带给我们更好、更便捷的生活不能一味拒绝。过界则是过于依赖，使人趋于懒散，不仅身体上还有脑子上。学术出版商 Routledge 的新闻稿的主要作者 Benjamin Storm 博士做了一个相关研究，指出当我们使用互联网来支持和扩展我们的记忆时，我们会越来越依赖它。当我们试图回忆某件事怎么做时，本能地转向网络搜索引擎求助。当前使得导航亦是如此。随着 GPS 技术和智能手机的普及，导航地图应用几乎成为人们出行必备工具。人们随时随地都可根据导航地图的自动导航模式进行"被引路"即可快速便捷高效地抵达目的地。其便捷性和高效性使得用户在需要导航时，下意识地倾向于广泛依赖诸如导航地图之类的移动应用程序（Thrash et al.，2019）。但是这样的导航模式同时也省略了传统导航过程中的众多认知过程。这可能对人们的地理空间认知造成负面影响。

根据上文内容和对现在生活中我们应用最多的导航软件高德地图、百度地图（据易观分析对 2020 年第二季度手机地图市场活跃用户规模的调查分析：百度地图近 6.4 亿人位居榜首，高德地图以 0.26 亿人的差距占据排行榜第二）进行相关的分析总结出当代导航存在的一些问题：

（1）对导航地图应用过于依赖。这是互联网时代带给我们的弊端。我们在计划前往某个地方，会下意识打开导航软件导航，这样的学习模式使我们更加"幼稚化"。且若在导航过程中信号受限，地图反而可能带来副作用，因此需要培养属于自己的导航知识技能和认知经验，工具只是辅助性的参考。

（2）导航中的自动导航指示虽然提高了导航的效率，但是简化了导航过程中认知转换过程，降低了在空间记忆中主动编码这些特征的必要性，减少了用户做出显式导航决策的需要（Thrash et al.，2019）。而导航决策对于路线知识的学习尤其重要，路线知识可以保证在没有导航应用的情况下可通过自己的认知重现路线。主动编码可以改善大多数类型的记忆，包括调查知识。导航地图的自动导航也是"被动式导航"，虽对导航这一任务圆满地完成，但是未给人增加认知经验。

（3）现在的导航软件主要是从环境的尺度来对地理信息进行综合，未考虑到人们的感知需求。人的导航需求目的多样化，如目的地是大尺度的空间（旅游），或定向的地点（吃喝玩乐等一系列活动的场所），但技术化给地图的设计带来的是世界的复制，三维可视化和街景模式的确使我们可清晰了解所在地及目的地的信息，但是对于地点的识别和认知需要地图的重构去除繁杂的信息，需要的是地标性的知识和一些关键区域的标识，以便与现实环境进行一一对应，这才能融入人的空间记忆中（Montello，2005）。譬如 Lynch（1960）调研所得的"城市意象图"（图 6-1），这可能是比较完美的导航图，细节部分再结合环境的尺度进行增加。这就需要在导航过程中结合认知的模式和尺度对导航的模式进行改进，可能任重而道远。

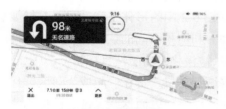 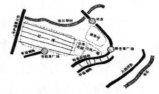 

(a) 地图驾车导航模式　　　(b) 公众理解的波士顿意象　　　(c) 波士顿半岛的概图

图 6-1　地图的驾车模式和城市意象图

（b）（c）图片来源：凯文·林奇《城市意象》

如何针对上述问题设计出一个符合导航地图发展趋势并兼顾人们的体验和认知经验的导航地图是当前形势下所需要的。

### 6.2.2　解决的思路

而最好的解决方式就是从认知和环境结合的角度来入手。如图 6-2 所示，将现实空间与认知空间进行综合。世界、国家甚至诸如省、市、县都是作为一个地理空间的存在，而环境空间如我们所生活的一片区域，如校园或住宅小区；街景空间一方面是将区域作为一个地标节点可使人从远处以单个视点进行观察，另一方面诸如一个房间的一处；形体空间则是像一个桌子上的物品此类可被人操纵之物或从远处看是小于人身体之物。在街景空间和形体空间中关注的是人们所需之物或者标志性地物或者引人注意的对象，街景空间对象表现为楼房、广场雕塑，形体空间为路牌、监控甚至远方的出租车。

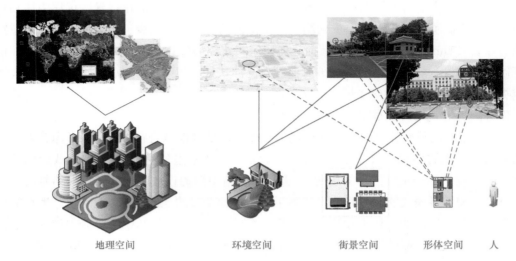

图 6-2　环境认知关系图

红色方框内为街景空间对象，红色圆圈内为形体空间对象

　　人们对环境的认知，并非关注环境中所有的一切，本能地基于我们对其中地标或目的性物品（或称为标志物、节点）的记忆和解读，如图 6-2 中的形体空间（对于目标如桌子上的笔记本电脑、花盆，对于路边的路牌的关注）和街景空间的认知（对于地标性建筑、雕塑等的关注），其他事物则是作为环境的背景被淡化；功能性目标繁多的区域，我们会频繁而被动地树立地标、节点等作为指引，将这些对象连贯在一起成为该区域环境意象［图 6-1（b）］所示公众理解的波士顿意象图。而另一方面这些关键性的标志物或节点还有一层含义，它可作为人活动的"事件"标签而存在，这一层次更关注的是人的目的，那么承载这些标志物或节点具体的"场所"即区域，是认知中对环境划定的范围模块，连接标志物或节点之间的连线就是路线（道路），事件发生的限定范围由边界圈定。这是通过叙事的模式将人在空间中的活动串联起来[1]。

　　人们之所以觉得日常生活枯燥而重复是因为人们认为迫于无奈才去执行这些行为，没有反馈、没有激励，把感受到的事物当成了背景板。而同样的导航事件在迪士尼就是放松，是一项自愿去寻路探索、被吸引的活动，迪士尼可以说是现实的一个重构，一个

---

① 参考 https://www.gcores.com/articles/22104#nopop_l8eyo

世外乐园。迪士尼世界结构的划分十分分明，但其总体结构又是现实世界的一个缩影。以东京迪士尼乐园为例，如图 6-3 所示，分为世界、园区、景点（游玩的主题）、场景（游玩的场所）。

（a）东京迪士尼乐园世界

（b）梦幻乐园

（c）仙履奇缘童话大厅

（d）仙履奇缘童话大厅场景

图 6-3　东京迪士尼乐园地图

迪士尼乐园的世界包括很多个园区，每个主题园区有不同的景点，每个景点都有他们自己的故事，景点的故事是通过不同场景来讲述的。迪士尼乐园将这种区域、节点、道路等之间的关系用富有新奇和趣味性的叙事模式层级分明地连接了起来，成为"迪士尼电影之旅"，其本质正是在利用地理空间讲述各种故事（scott rogers）。迪士尼本质就是一个现实性质的游戏场所。

游戏作为一个虚拟的环境，指导人通过探索、学习和提升，以自愿的方式参与艰苦的活动，将这种叙事化模式和导航认知相结合（简·麦戈尼格尔，2012）。现实导航与游戏中的导航有很大程度的相似之处。游戏是计算机程序与地理理论共同构成的环境。近年来游戏的发展越来越明显地和现实、地图结合到了一起。其模拟现实环境并超脱于现实环境，游戏的导航模式多样，包括在场景的探索、利用游戏中的导航工具和自动寻路来导航，这分别对应于现实的地标寻路、航位推测及采用交通工具来抵达目的地。其他诸如导航的任务分配、用户导航的目的、导航的模式等更是本质同源。游戏的世界层级划分为（图 6-4）世界、关卡、体验（不同风格的区域）、玩点（活动场所）。

(a)《最终幻想14（FF14）》主世界地图（艾欧泽亚地区）

(b)《FF14》黑衣森林地图

(c)《FF14》格里达尼亚旧街地图

(d)《FF14》格里达尼亚旧街场景

图6-4　游戏层级划分（以《FF14》为例）

图中红色方框内为街景空间对象，红色圆圈内为形体空间对象

关卡指游戏行为发生的环境或地理位置；开发者术语，描述由特定游戏体验的物理空间分割而成的单元；用来量化玩家取得进展的单位，关卡也称为回合、波、关、幕、章、地图等（斯科特·罗杰斯，2013）。

FF14世界中关卡是用地图表示［图6-4（a）］，不同关卡地图拥有不同的地域特色［图6-4（b），以黑衣森林区域为例］，每个关卡地图包括多个场景［图6-4（c），以黑衣森林中的主城区格里达尼亚旧街为例］，每个场景以现实为基础刻画出对应环境面貌［图6-4（d），以格里达尼亚旧街室内场景为例］。

"随着计算机技术的发展，构建虚拟地形环境成为地理环境空间认知的一种新的形式，它可以将那些通常难以设想和感受的环境，以动态直观的形式展示在使用者面前，一方面大大提高了地图表达和空间信息传输的效能；另一方面也有利于空间信息的理解并进一步为空间信息决策服务"（袁建锋等，2008）。当前游戏的发展完全契合这种"虚拟环境"的优势，其表现为游戏地图，从游戏地图入手进行地理环境空间认知相关探索，从而为现在导航认知的发展提供参考和借鉴。这正是本书讨论的重点。接下来对游戏地图的定义、结构和特点做相关解析，并从中探索游戏地图在导航方面的优势。

# 6.3　游戏地图中的导航引路分析

## 6.3.1　游戏地图导航优势

　　游戏地图的特点包括时间跳跃性、空间离散性、社会性、交互性、叙事探索性、虚拟性、文化性等。针对导航地图存在的问题从游戏地图中或许可以找到解决的思路。以下根据游戏的特点对游戏在导航方面的优势进行分析总结：

　　（1）游戏地图的时间、空间和社会性造就了游戏环境的真实性，使其可以对现实空间进行高效逼真的形象模拟，尤其是对于形体空间、街景空间和环境空间，对于地理环境的模拟，游戏的很多设定和引导体系都是按照这个进行发展。同时由于其维度的特殊性，一些机制超越现实条件限制，成为一个先进技术的实验地。

　　（2）游戏中引路都是依赖于游戏的交互性，游戏的交互性一方面赋予了人双重身份，即玩家身份和角色身份，使其可以从两个角度来与游戏场景交互；另一方面游戏地图的交互性不仅视觉方面，还有身体上的认知感觉，达到模拟真实地参与和体验的一种程度，更加真实和具有记忆性。

　　（3）游戏探索叙事的模式将整个世界得以串联，给游戏增加了更多的吸引力。游戏是真的令人自愿参与其中的去实现某个目的或艰苦工作；现实我们纵然每天都因为各种生活需求要进行各地导航，但是更多是枯燥无味的。游戏凭借叙事和趣味结合的方式，令我们以积极和热情饱满的态度来享受生活。

　　（4）文化传播性是当前地图和环境导航所需的部分。在游戏中导航式漫游，不仅是对于空间的认知，更有潜在的对于文明的认知，正是几千年的文明给予了现代生活的智慧，这是游戏化的模式、地图的改进、环境的设计三者统一化的一种借鉴和参考。地图可结合地方地理风俗提供个性化的导航，并结合游戏化的模式给人们以潜移默化的文化传输，比当前专门前往一个地方只为拍照式打卡更加令人记忆深刻。如《绘真·妙笔千山》，地图的设计模式和叙事模式加上交互性和探索性，使得千里江山图活灵活现，更深层次地体会这青绿山水的绘画艺术。另外环境设计不能是千篇一律的楼房和大厦，要结合当地的自然地理特点和文化风俗加上现代化的手段，将文化传承继续，并具象化于建筑和环境之中。

　　游戏地图中的导航是在先验知识基础上，在环境中根据地标知识、路线知识导航和利用调查知识进行导航。从上面的各个世界的层级展示（图 6-2、图 6-3、图 6-4）可以看出基本对于街景空间和形体空间尺度的现实空间可以通过场景形式来展示，而环境空间和地理空间尺度的现实环境只能通过地图形式来总览全貌。因此将游戏中的导航模式分为利用游戏环境的导航信息导航和借助工具的导航：

（1）利用游戏环境的导航信息导航：一般为小尺度范围，多为街景空间和形体空间，游戏的建模优势体现在环境设计和引导体系的设计，包括①拥有特殊设计的地形和建筑条件；②仿照现实的逼真的环境建造；③拥有场景独特的引导 NPC 或地物；④游戏环境的特效、声音和光影等引导元素。

（2）借助工具的导航，适用于大尺度空间，利用游戏屏幕的 HUD（借助辅助工具）信息进行导航，突出表现为利用地图。

除此之外，游戏的虚拟性使其可以实现很多现实物理或当前技术限制无法实现的一些特殊性导航模式。

### 6.3.2　游戏地图导航模式分析

前面提到，游戏地图的导航以地理环境认知为背景，围绕先验知识进行导航。实际上，导航认知的过程主要表现为人地环境的相互作用。在导航的过程中，通过人的感知、行动和记忆系统获得信息的过程为寻路，而环境等外界对象提供各种信息来指引人们导航的过程为引路。同现实导航一样，游戏地图导航一般分为无目的性的运动和有目的性的寻路。然而，对于游戏地图的导航，使用"引路"来表述更为合适。从以下两方面来详细解释。

（1）寻路与引路区别在于分析导航的参考体系不同。寻路者是以个人为中心的寻找路径过程，引路更倾向于环境外物为中心，是环境对个人认知的影响过程。寻路意为导航者自主找到去特定地点的路的行为，包括规划和寻找路径。引路为带路的意思，引导导航者进行旅程的过程，引路者可能是人，也可能是物，而人与物也是影响引路过程的重要因素。寻路是人对现状环境的有效利用，其中的诸如地标性建筑是寻路过程中所利用的点，是偏向于认知和熟悉现实性的已存在的事物。引路意为引导性的，是从规划性、改进性的角度来看待环境地物对导航认知的作用。研究游戏地图正是从虚拟环境的角度探索游戏地图中一些独特的设计对于环境规划和现实引导机制设计的价值，从"引路"角度来探讨（参考《漢典》关于"引路"的解释和《牛津英语词典》关于"wayfinding"和"guidance"的解释[①]）。

（2）无论现实导航还是游戏地图导航，其寻路的方法和机制都是相同的，都包含路径规划、位置更新等，不同在于引路机制。本书的研究目的正是从地理学的角度，用现实来导航理论分析游戏地图认知导航引路方式，借鉴其优势，因此用"引路"更为恰当。

---

① 参考 https://www.oed.com/view/Entry/426203?redirectedFrom=wayfinding#eid；
https://www.zdic.net/hans/%E5%BC%95%E8%B7%AF；
https://www.oed.com/view/Entry/82304?redirectedFrom=guidance#eid

总的来说，游戏地图的导航引路的分类与分析是从现实导航与认知的理论出发，结合游戏地图本身的特点和优势，探索与分析其导航引路各个层次现实意义和借鉴价值。

### 6.3.3　游戏场景地图的空间引导

游戏地图中的导航的模式分为利用游戏环境中导航信息导航和借助工具的导航，游戏地图导航的特殊性还表现在人在玩游戏时的双重身份性，玩家身份（现实的身份）和玩家所操纵的角色身份（游戏虚拟的身份），在玩游戏过程中，往往是两种身份共存，区别在于不同的游戏侧重不同的身份。

游戏中的"角色"一词源于印度梵语"Avatar"，本意是指"上帝奇妙地依附在凡间物体身上"，指游戏或网络世界中的虚拟化身。当玩家用角色参与进游戏时，不自觉地将自己的意愿倾注其中，似乎赋予了角色这个身份以灵魂，通过角色来认知游戏世界。当前大多数媒体艺术如文字、绘画、音乐、电影的表达形式，为单向交流，成品欣赏，是创作者完成作品之后，人们作为旁观者从中得出的启示或引发的共鸣；游戏则是一种双向交流的艺术形式，使人们成为"Avatar"参与其中，以游戏独特的叙事模式和氛围环境营造使人仿若身临其境，真实地经历了游戏角色所经历的事情。角色对游戏环境的认知相当于现实中人们对现实环境的认知，玩家的认知则是上帝视角的认知。两者最大的区别在于后者可通过上帝视角预知游戏中的角色当前未知的事情，从而提前为角色做好准备，并能够看到游戏本身的一些设定，比如屏幕上的血条、菜单栏等，将游戏作为一个消遣娱乐的对象；后者则是存在于游戏世界中的人物，他所看到的内容正如作为现实中的人身处在现实环境所看到的环境视角（戴安娜·卡尔等，2015；应申等，2020）。

基于此，将游戏中的导航模式进行再划分：①以角色身份利用环境信息进行探索的行为（同人们在现实中利用地标知识和路线知识的导航认知模式）称为场景导航；②利用游戏工具以玩家和角色混合的身份进行导航的行为（同现实中的人们利用调查知识的导航认知模式）称为 HUD（借助辅助工具）导航。场景导航往往适于形体空间和街景空间的小尺度空间；HUD 导航的则是表示环境空间和地理空间的大尺度空间。对于导航来说，其是一个完整的系统性的行为，引路是其中的一部分，也是游戏地图的优势，选取现实导航认知相应的理论来详细分析游戏中的引路机制，因此将游戏地图总体上分为场景导航、HUD 导航和特殊模式导航，每类导航下分为多种具体的引路方式（本研究是建立在地图学三元空间的信息空间上，以信息空间典型实例游戏为研究对象研究信息空间的特点，再结合当前地图学的发展和研究方向，以三维地图、全息地图等为趋势，因此本研究的研究对象为包含地理位置概念的三维游戏，选取游戏的规则以游戏类型、当前的一些热门游戏和游戏发展过程中一些典型的游戏实例为研究对象，具体的选取还要结合研究的具体内容，不同的游戏契合不同的研究方向）。

### 1. 场景导航

游戏场景导航是沉浸式的导航，一方面类似现实中直接在环境中寻路的情况（同上文所述），主要借助先验知识和陈述性知识；另一方面场景导航与场景叙事有关，同时它又与玩家的活动关联起来，这也是游戏地图导航的优势之一：探索叙事引路模式。游戏场景是可视可探索的存在，叙事隐藏或体现于游戏场景之中，需要玩家在身体、心理和情感层面上反复对地图摸索通过一个个事物将线索串联起来，从而形成游戏认知地图。这个认知地图将玩家在游戏中遇到的事件、精神状态和事件的独特序列配置为一个统一的、有凝聚力的整体。玩家在游戏结束后得到对游戏世界清晰的认知，甚至延伸至对生活的思考（Neville，2015）。

#### 1）场景设计引路

游戏地图拥有很强的建模优势和建筑还原性，众多游戏会仿照现实的建筑风格和自然地貌，且构建的场景并不是现实建筑的复制，而是以一种与背景故事氛围等相和谐的方式融入其中，是现实的一种重构。场景构造方式由地物构建风格、整体色调、空间大小、几何结构及场景还原度等多方面决定；通过借助或参考现实卫星的 DEM（数字高程模型）数据、地形地貌数据、谷歌地图、历史和统计资料及现有城市的风格等来建造游戏世界。如《刺客信条：奥德赛》的设计总监 Benjamin Hall 表示，雅典以南的比雷埃夫斯港采用了"Hippodamian"式的城市设计方法，其中街道彼此成直角，形成网格，这种布局参考北美城市的风格[①]。

而环境认知的难易由环境差异性、视觉可达性、空间布局的复杂性和标识性这几个主要因素决定，游戏地图的重构性使其可以根据引导性需要无视现实物理和规则束缚自由设计空间布局。将游戏中的环境分为自然环境和建筑环境。

在自然环境中，空间的布局由环境中的地物和路径组成，路径分为清晰路径［图 6-5（a）］和模糊路径［图 6-5（b）］。模糊路径表现为可以通过的地方都是路径，否则就是障碍物或其他地物。

自然环境的导航往往依靠的是一些大型山脉、河流、田野、树林等的地标型地物。如图 6-6（a）《风之旅人》地标：最显眼的地标是远处发光的高山，在场景中空旷的地方皆可见，是游戏中重要的引导性标志，也是最终的目的地。图 6-6（b）是《逃离塔科夫（Escape from Tarkov)》的代表性地标海关河，是地图最右侧的边界河，通过这个地标可以辨别固定隔离点"通往海关的路"的方向。

---

① 参考 https://www.gameres.com/877720.html

(a)《FF14》中的清晰路径

(b)《风之旅人》中的模糊路径

图 6-5　游戏自然环境中的路径示例

(a)《风之旅人》高山地标

(b)《逃离塔科夫》海关河地标

图 6-6　游戏中导航地标

　　游戏可自定义并有效利用众多有利因素来形成游戏的场景导航体系。而《塞尔达传说：旷野之息》独特的自然地形设计，平衡玩家的自由性和游戏的叙事性，是游戏作为虚拟世界导航优势的代表。它采用有隐藏和视野远眺效果的三角形为元素，利用"全局地图三角形法则"（指由大、中、小三角形进行组合）形成地形诱导机制 [图 6-7（a）、（b）、（c）]。最大的三角形一般设定为类似山峰、山脉的大规模地形，并于山顶设置特殊地物，承担远程、大范围"地标"作用；中等三角形发挥将远处的环境、地物遮挡住的"屏障"作用。小三角形主要是石头或微小起伏地形，促使玩家在局部区域进行探索，在近距离起遮挡、把控游戏"节奏"作用。不同大小三角形的搭配形成多级目标物和可探索地点，并由明显的级别地点叠加隐藏地点，增强探索性和游戏性 [图 6-7（d）、图 6-7（e）]。最终有效利用地势的高低和引力地标系统，构建出一个庞大而复杂的引导体系 [任天堂于 CEDEC（Computer Entertainment Developers Conference）2017 大会的宣讲]（应申等，2020）。

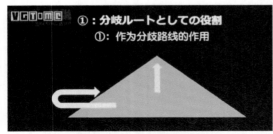

(a) 场景三角形的作用和引导性机制 1

(b) 场景三角形的作用和引导性机制 2

（c）游戏场景中的地形三角形和引导机制示例 　　　　　　　　（d）场景三角法则概念图

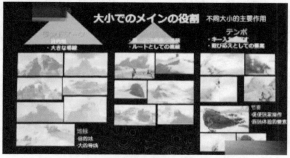

（e）根据三角法则进行地形划分

图 6-7 　《塞尔达传说：旷野之息》地形引导体系

建筑环境是场景导航的很大一部分，根据《城市意象》中对物质形态的分类：道路、边界、地标、区域和节点对游戏建筑环境的导航进行分析。

（1）道路。道路是形成人意象的关键形态。它是意象中的主导元素。人在道路上移动对环境进行观察并学习地标知识和路线知识来达到导航的目的。掌握一个区域的路网结构基本就对这个区域有了大致的了解。一些主要的交通线路一般会成为关键的意象，这些主干道往往会被赋予名字便于寻路和记忆。而邻近道路的建筑、特色的活动区和典型的空间特性（如道路的宽窄、地面的纹理、所处的位置）可以强化道路的认知特征（Lynch，1960）。如图 6-8（a）《GTA5》城市中名流小路，道路两旁有很多标志性建筑和路牌；图 6-8（b）显示的是下帕尔街，是一个高架桥下通道，与周围道路样式区分，易于识别；图 6-8（c）的伽利略路是一个环山公路的一段，在环形路上可以对山附近的环境进行感知，不同的道路也传达出地点或区域位置特色。

（2）标志物。标志物是人们的观察参考点，其具有单一性、唯一性、清晰性、突出性并令人记忆深刻，有的甚至可以在大范围内起作用。建筑环境中的地标更多地表现为标志性建筑物、"交通系统"的道路标志，如在墙壁或者路边指示牌上，指示出邻近的重要地点。标志物的作用很大程度上是为了辨向和判定所在的区域。如《刺客信条：启示录（Assassin's Creed：Revelation）》圣索菲亚大教堂［图 6-9（a）］有着伊斯兰风格的大金圆拱顶并于周围耸立四座高塔，是游戏中奥斯曼帝国君士坦丁堡（现土耳其伊斯坦

(a) 名流小路

(b) 下帕尔街

(c) 伽利略路

图 6-8 《GTA5》道路

布尔）中最高最大的建筑，异常醒目，可以很方便地进行方向定位；《逃离塔科夫》气象站/观测站高塔，位于其上的红球高塔［图 6-9（b）］是一个制高点地标，范围覆盖海关地图右半图下半区几乎全部位置，是一个典型突出有效的引路地标；图 6-9（c）《最终幻想 7：重生》中的墙壁上的小狗图画的狗鼻子朝向暗示了线索的方向；而《GTA5》中道路上随处可见的交通标志提醒交通规则的开车导向［图 6-9（d）］。

(a)《刺客信条：启示录》圣索菲亚大教堂

(b)《逃离塔科夫》气象站高塔

(c)《最终幻想 7：重生》环境导航线索

(d)《GTA5》交通标志

图 6-9　游戏中的标志物

（3）区域。区域一般是在内部进行认知。决定区域的物质特征是主题的连续性，区域包括纹理、标志、道路、节点、居民、地形等。在游戏区域中进行认知活动可通过视觉（灯光、场景的布置）、听觉（如市场和客栈吵闹声吆喝声往往就是辨认这个地方的标志）等多种感觉因素，这些造就了区域的氛围，而这种氛围有利于人们对其的认知和记忆。如《最终幻想14》的郊外场景［图6-10（a）］，由树木、杂石、怪物、水流，还有水流声、怪物的叫声等构成独特的安静平和气氛，而图6-10（b）所示的格里达尼亚城区则是嘈杂的场景，尤其表现在传送点——以太之光地区，聚集了来往的人群构成熙熙攘攘的氛围。

(a)《最终幻想14》野外区

(b)《最终幻想14》格里达尼亚以太之光聚集区

图6-10 《最终幻想14》游戏不同区域氛围

（4）节点。这里的节点是指人可以进入的战略性焦点（区分于标志物，标志物不能进入）。节点一般是连接点（如交通枢纽、换乘点）和聚集点（如公园、广场），与周围环境有清晰的关联（其一般和道路、区域相连接），通过节点人们可以选择下一站旅程或作为临时的休憩地，是人们通过阶段性认知环境的连接枢纽。在游戏中表现在道路上就是类似换乘点、传送节点（图6-11），聚集的空间如搜索区域的房间。《最终幻想14》中的黑尘驿站［图6-12（a）］是一个典型的节点，包含连接和聚集的作用。通过黑尘驿站可更换交通工具（如租乘陆行鸟）、调整路线和方向；同时也是中萨纳兰地区的一个聚集地（或称安全区）［图 6-12（b）］，旅行的人中途借宿的地方，其中很多贸易商人和军团驻扎。

（a）《最终幻想 14》以太之光（可传送至不同区域）　　（b）《最终幻想 14》城内以太水晶（可在同一区域不同地点间传送）

图 6-11　《最终幻想 14》传送水晶

（a）《最终幻想 14》黑尘驿站外部

（b）《最终幻想 14》黑尘驿站内部

图 6-12　《最终幻想 14》黑尘驿站节点

（5）边界。边界的最大作用是划分区域。在游戏中一方面指区域活动的边界，是相隔离的屏障，用木栏围起的边界，如图 6-13（a）；另一方面是两个区域之间的界限，是凝聚的缝合线，其关键性在于连续性和可见性，如图 6-13（b），河流作为安全区与郊区边界的一部分，也是连接两者的线路。还有《最终幻想 14》的虚线点，既是边界也是连通线，图 6-13（c）与（d）中虚线段表示的边界是同一个，是连接城区与郊区的"大门"。

(a)《逃离塔科夫》海关地图边界

(b)《最终幻想 14》的河流边界

(c)《最终幻想 14》郊区边界　　　　　　　(d)《最终幻想 14》城区边界

图 6-13　《最终幻想 14》中的边界示例

**2）叙事引路**

场景叙事以事件场景重现模式，令玩家亲身经历故事情节并与其中的人与物交互来传达信息。这使空间可以通过视觉、听觉、触觉和其他方式直接体验，也可以通过语言间接体验。

游戏中几乎所有的引导都可用叙事引路来解释。皆是通过感觉和交互系统来串联线索进行引导。具体表现为：根据当前所获得的一些经验判断前方可能存在线索的地方；抵达之后，找到另一个线索，再继续反复此过程，中间可能穿插推理、判断等过程。这一过程在游戏小场景中表现为完成某个任务或抵达某个地方，在大场景中可理解为探索该游戏世界的真相或揭露世界的全貌。这等同现实中利用地标知识导航路线知识结合的模式。与之相比，游戏中更具趣味、探索性和吸引力。如《风之旅人》，当抵达一个新的关卡，游戏并没有地图或任务之类的提示，游戏场景是未知出口的一片沙漠，通过对周围环境四处观察可发现远方有绕圈飞的魔带［如图 6-14（a）］，吸引人前去探索，魔带下面则是类似"牢笼"的存在"囚禁"着"魔带"［如图 6-14（b）］，"解救牢笼"中魔带后，被"解救"的魔带会搭成一座桥，并可看到"放光"的所在正是可能的出口［如图 6-14（c）］，沿着"魔带桥"从而抵达目的地［如图 6-14（d）］。

(a) 翻飞的魔带

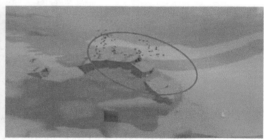
(b) 魔带从"牢笼"破出

(c) 魔带搭桥

(d) 溯魔带桥上达目的地

图 6-14　《风之旅人》引导体系

语言式沟通包括定点式沟通（比如通过 NPC 之间的对话或与 NPC 的对话）和引领式的引导（有一个 NPC 带领到达目的地）来获取导航的信息。

定点式沟通是其场景性和交互性的典型信息传达方式，通过对话内容告诉玩家行径目的地或路线，其本质是一个文字提示的载体，关键信息点可能通过强调字色突出。如《天命奇御》和《塞尔达传说：旷野之息》中与 NPC 的对话以获取场景事件信息［图 6-15（a）与（b）］。类似于现实问路的情况。

（a）《天命奇御》NPC 对话

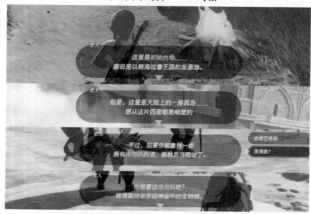

（b）《塞尔达传说：旷野之息》NPC 的对话

图 6-15　定点式沟通引导

引领式引导模式表现为 NPC 会自主向前走，并始终保持与玩家在一定距离范围内，有时当玩家偏离方向会给予提醒，玩家跟从 NPC 即可到达目的地（如图 6-16）。类似于现实导游带领进行旅程的情况。

（a）《巫师 3：狂猎》NPC 引导

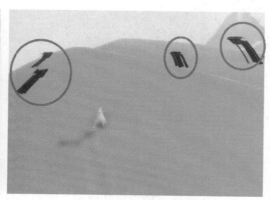

（b）《风之旅人》魔带引导

图 6-16　引领式 NPC 引导

### 3）特殊元素引路

游戏地图中的地物的设计（不同于上文场景设计为大范围地形，此处为小范围的地物，是环境中的细节部分），是场景设计的局部的细节的详细说明，如一些特殊物体（物体的高亮、闪烁或突出显示）、线索物体，还有一些人为灯光、纹理、颜色、声音（发出声响的位置）等的引导元素对于引导体系的构建。如《逃离塔科夫》的绿色烟雾暗示其危害性，督促人远离该地 [如图 6-17（a）所示]，《风之旅人》环境中翻飞的魔带和随风浮动的姿态都吸引人前去探索 [如图 6-17（b）所示]。

(a)《逃离塔科夫》　　　　　　　　　(b)《风之旅人》

图 6-17　游戏中特殊地物引导

《塞尔达传说:旷野之息》是一个经典引导代表案例,利用游戏地图三大引力(图 6-18):高大醒目的引力、目的性导向的引力、光影形成的引力来丰富游戏中的引导体系。高大醒目的引力和光影形成的引力从本质上说还是利用了环境的差异性,使其突出显示 [图 6-18（a）和（c）];目的性导向的引力则是阶段性的目标,结合游戏的反馈机制,完成后很容易令人获得成就感,从而产生对继续旅程的积极性和主动性 [图 6-18（b）]。

场景引导对于现实的意义或许就在于对于环境的规划和设计,从而建造更利于人出行、生活、记忆与认知的便捷环境。

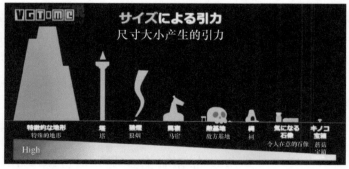

(a) 高大醒目的引力

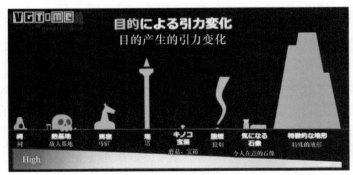

(b) 目的性导向的引力

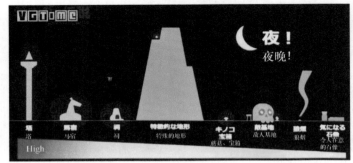

(c) 光影形成的引力

图 6-18 《塞尔达传说：旷野之息》三大引力

图片来源：http://www.vgtime.com/topic/801487.jhtml?page=1

但是场景导航有一个限制，其尺度一般为小范围，且引导的元素要在角色的视觉可达性范围之内。对于大尺度空间和视线之外的区域的认知，需要结合 HUD 的元素利用调查知识进行导航。

## 2. HUD 导航

HUD（heads up display，现代飞机上配备的平视显示器）是游戏里同玩家互动的最有效的方式。能向玩家传达信息的任何视觉元素都可称为 HUD（斯科特·罗杰斯，2013）。所有 HUD 都可以归为剧情 HUD、非剧情 HUD。两者的分类是根据玩家和角色的身份确定，能够被玩家和角色共同感知的是剧情 HUD，能够被玩家感知但不能被角色感知的为非剧情 HUD。另外游戏中的地图也可认为是 HUD 工具的一种，并包含剧情 HUD 和非剧情 HUD 多种模式。HUD 虽然最常用于大尺度导航，但实际上，它囊括了所有尺度，是最直接地提供导航信息的途径[①]。下面给予详细分析。

### 1）剧情 HUD 引路

剧情 HUD 要求将 HUD 中找到的导航信息嵌入到场景中，成为游戏世界的交互体，

---

① 参考 http://gamerboom.com/archives/42939

换句话说，它是玩家操纵的角色可以看到和听到的。如《死亡空间（Dead Space）》全息
HUD，将菜单栏和游戏融为一体，成为角色的技能，玩家和角色的身份也相重合，角色
可以自主查看自己的生命值、技能、弹药、物品栏，还有地图等（如图 6-19 所示）。

（a）角色查看物品栏　　　　　　　　　　　　　（b）角色查看地图

图 6-19　《死亡空间》全息 HUD

另外常见的剧情 HUD 的模式为将任务引导与游戏叙事结合，借助 HUD 在场景中交
互叙事的模式。具体表现在保持角色原有的视野，通过运用角色的某种技能对环境进行重
构，这时距玩家角色一定距离内的某些对象（一般是特殊目标对象）会呈现出更详细的信
息。可以同时指示多个目标，一般用于指示距离靠近、但体积较小、不易找到的目标，或
将信息分层显示，隐藏或弱化不需要了解的信息。运用恰当可认为是一种场景导航模式。

如《巫师 3：狂猎》角色的感官能力，使用后可追踪并突出一些常规状态下不能察
觉的信息，表现在画面上是痕迹高亮显示［图 6-20（b）所示］。

（a）感官能力使用前环境状态　　　　　　　　　（b）感官能力使用后环境状态

图 6-20　《巫师 3：狂猎》角色的感官能力

《全境封锁》历史回溯和区域建模技能是典型的剧情 HUD 示例。历史回溯技能可以
重现角色当前所处位置过去所发生的事件，体现游戏叙事主线或支线，提供相关线索
［图 6-21（a）］。区域建模可理解为区域三维地图化显示，可显示区域的空间布局和其中
的奖励点、特殊 NPC、关键事件发生地、交易处等的位置［图 6-21（b）］。

(a) 历史回溯

(b) 区域建模

图 6-21 《全境封锁》技能

**2）非剧情 HUD 引路**

非剧情 HUD 是游戏外部的交互体，玩家所能看到或认知到但角色不能接触到的类型，它是游戏开发者与游戏玩家的直接沟通渠道，也是玩家与角色的身份转换触发器。更多情况下，游戏 HUD 为非剧情 HUD，应用最广，可理解为游戏屏幕的 UI（user interface，用户界面）元素。可分为任务系统引导、鹰眼地图引导、地图轴引导、场景 2D 标识引导。

a. 任务系统引导

通过任务面板（如图 6-22）引导是游戏中最常见的引导模式，通常用文字形式传达信息。任务面板是游戏中角色身份不可见的需要玩家身份的介入来完成。虽属于非剧情 HUD 但事实上任务引导的内容往往就是剧情叙事线索。

(a)《最终幻想 14》任务栏导航

(b)《巫师 3：狂猎》任务引导

图 6-22 游戏任务引导

除此之外，还有游戏中的社区系统，如门派系统、师徒系统、情缘系统等是由玩家一起组队，跟随带领者完成任务，类似现实导航的社会性引导。

b. 鹰眼地图引导

鹰眼地图可有效地减少因为打开全局地图对游戏沉浸的打破感和注意力的分散。供导航使用的鹰眼地图是按照传统二维地图的比例尺设置，同现实导航地图的鹰眼系统相类似，采用该区域的经典地物简略模型符号形式来标识，加上路线和区域边界构成，或附以文字说明、坐标、方向、缩放按钮，且保持与主地图和场景的风格一致性。

如图 6-23《最终幻想 14》鹰眼地图，是一个包含当前位置、方向、比例尺、坐标、天气系统的局部缩略图。在场景中角色的方向表现在鹰眼地图上为图中椭圆框中标志尖头的朝向，而鹰眼地图相对不变化。在《GTA5》中，《GTA5》的鹰眼地图是随着玩家的方向改变而旋转的，鹰眼地图的朝向始终是正前方 [图 6-24（a）与（b）]。这也可能是由于《最终幻想 14》为第三人称视角，而《GTA5》驾驶中为第一人称视角，相对来说，第一人称以自我为中心可以看到更多细节，对于工具的操纵更加精确，第三人称更易以他物为中心，视觉可达性更广，更易观察周围情况。

(a) 鹰眼地图在场景中的模式　　　　　　　　　(b) 鹰眼地图放大展示

图 6-23　《最终幻想 14》的鹰眼地图

(a) 《GTA5》鹰眼朝向路程 1

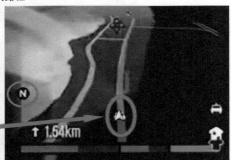

(b) 《GTA5》鹰眼朝向路程 2

图 6-24　《GTA5》驾驶过程鹰眼地图位置朝向对比图

c. 地图轴引导

游戏中逐渐凸显一种特殊地图导航，它是利用一条线地图轴或称导航条或导航尺的导航模式，省略了鹰眼地图，使得场景画面更加简洁、范围更大，更具有沉浸式。其最突出的特点为多任务和多目的地导航点标记，适用于大范围远距离导航。

地图轴引导将所欲前往的目的地或重要的地点进行标记，即可在"导航条/尺"中呈现该地点，选中其中一个目的地，可显示其距自己所在地的方向和距离，导航途中可随时添加或去除目标点并可更改导航路线。如图 6-25 所示为《刺客信条：英灵殿（Assassin's

Creed Valhalla）》的导航条。

(a) 导航条/尺在场景中的模式

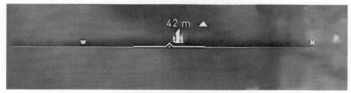

(b) 导航条放大展示

图 6-25　《刺客信条：英灵殿》的导航系统

d. 场景 2D 标识引导

对于地图来说，辅助要素是有利于读图、用图方面的内容；对于游戏地图来说，在游戏场景中或场景物体上添加的人为辅助要素，是同概念的地图辅助要素，包括地图基本的地理要素、符号、注记、方向等 2D 标识。具体的分类包括以下几种：

（1）目标方向提示：玩家自身角色周围出现的目标方向提示，一方面表现为对街景空间和形体空间对象的认知，使玩家专注于当前区域，如在战斗时在脚下出现目标方向，让玩家可迅速对准目标；另一方面表现为环境空间的认知，始于探索式游戏中具有对目的地进行方向和距离指引的模式，这种避免了打开全局地图对游戏的沉浸式打断感，而使人注意力更加专注于周围场景环境和路线（如图 6-26 的两个例子所示）。

(a)《崩坏 3（Honkai Impact 3）》地面方向指引

(b)《剑网3》引路指标

图 6-26　游戏中目标方向提示示例

（2）目标标识指示：当角色距离目标一定范围内，目标会在场景中"透视"显示，一般为目标的图标、名称和场景结合的特效，有时也会显示多个目标，对于目标的大致方向和位置得以提醒。如《食人鲨（Maneater）》[图 6-27（a）]的目标名称和位置显示在场景上层，不受模型遮挡影响，《全境封锁（Tom Clancy's the Division）》[图 6-27（b）]即使隔着建筑物也可看到远方队友的名称和位置。这在现实中与 AR 导航地图相类似。

(a)《食人鲨》目标指示

(b)《全境封锁》目标指示

图 6-27　游戏中目标标识指示示例

（3）地面路线提示：这种导航方式表现为在角色和目标之间形成可视化路线（如图 6-28 所示），但该可视化大多是针对玩家身份感知，如同当前的 AR 导航。引导效率较高，但自由度受到限制。

图 6-28　《极限竞速：地平线 4（Forza Horizon 4）》路线指示引路示例 1

（4）情景提示：屏幕情景提示是当玩家位于能够互动的物品或角色附近时，在目标周围出现的图标或文本。如到达某个地方或叙事的某个阶段，屏幕中会出现文字提示，场景中一些关键物体的提示也给予注记说明。如《巫师 3：狂猎》中对于场景地点位置说明和对出现的物品的注记 [图 6-29（a）]。在现实中这多用于类似于现实中到达一个地方的边界，界牌或路牌的文字提示及导航地图的语音播报提示，尤其是抵达一些旅游

（a）《巫师 3：狂猎》的文字注记　　　　　（b）《最终幻想 14》屏幕提示

图 6-29　游戏情景提示示例 2

景区或文化名城。图 6-29（b）所示为《最终幻想 14》中某个时间达到限定区域而触发的特殊任务，在屏幕中以显眼的文字予以提醒。而这用在导航地图中针对突发情况，在屏幕中予以提醒和警示则可能大有裨益。

### 3）地图引路

Enrique Parra 和 Manuel Saga（2017）指出游戏里的地图是一种特别设计的图形语言，目的是与游戏的整体基调相匹配[①]。用户使用地图来自我定位、确定目标方位，许多游戏的体验都基于与一个或多个地图的交互，地图的指向可能是一个真实的位置，也可能仅仅是一个虚构地点，这与游戏本身的性质相关。这里的游戏地图是游戏的全局地图，即游戏底图。

利用地图工具来导航无论对于现实还是游戏都是非常重要的一部分，它是在大尺度空间认知，获取调查知识的有效途径。游戏中的地图在导航的应用中分为指示明确的内置地图、战争迷雾地图、自动寻路类型。

a. 指示明确的内置地图

这是游戏中地图的最经典最常规的模式。游戏类型通常会推进游戏地图设计的发展。近二十年来，游戏体量越来越大而自由性也越来越高，如开放式、沙盒式之类热门游戏风格，它们讲究无限的支线任务点和随机生成的地形地图，以更大程度模拟现实世界，允许用户无视主线任务在游戏中进行尽情地探索。这些都需要一张指示明确的内置地图来定位指引方向。

游戏中的内置地图一般风格偏向写实（并非真实或同现实一样），通常会有区域地形地貌、地图名称、地点名称、地点图标、指向标志等，有的甚至包含比例尺、坐标。内置地图的样式分为 3D、2.5D、2D。根据信息细致程度分为世界地图（展示区域地理位置）、区域地图（具体一些区域，展示任务点、道具点等）。根据地图的调出、取得方式或内部切换的方式可获得不同的沉浸性。

育碧（育碧娱乐软件公司，游戏制作、发行和代销商，代表作有《刺客信条》系列）在"仿制现实地图"方面一向比较擅长。如图6-30（a）《刺客信条：奥德赛》将内置世界地图制作成具有3D 晕渲效果的2.5D 形式，上面包括分裂的大陆板块、曲折的海岸线，以及散布在世界各地的岛屿，看起来与现实地图非常类似，并使其风格和整个游戏协同一致，给人提供沉浸感。《最终幻想14》的内置地图是古朴的风格，如图6-30（b）所示《最终幻想14》的区域地图，是2D 模式，其中包含该区域的简要地形地貌、区域地图名称、地点名称、当前角色位置、地图放大缩小按钮，地图最下方显示当前位置的坐标。《刺客信条：奥德赛》与《最终幻想14》地图都是作为工具由玩家身份直接调出的模式，而如同上文图6-19（b）的死亡空间的地图则是角色身份调出，同场景融为一体。

① 参考 https://www.archdaily.com/782818/cartography-in-the-metaverse-the-power-of-mapping-in-video-games

(a)《刺客信条：奥德赛》地图示例

(b)《最终幻想 14》的区域地图

图 6-30　游戏内置地图示例

b. 战争迷雾地图

战争迷雾地图最早出现在初代《塞尔达传说》（图 6-31 所示）中，当玩家在地牢中运用到"地图"和"指南针"等道具时，游戏会跟随主角的行进路线在游戏界面左上角绘制"房间方格"，这引出了一条从无到有的设计思路——自动化地图（Automap）。简单来说，这种类型的地图表现为"显示已经探索过的地点，隐藏还没去过的地点"。

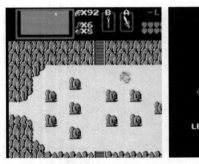
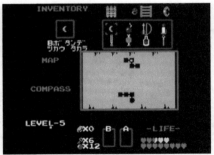

(a) 场景内地图            (b) 关卡地图全貌

图 6-31　初代《塞尔达传说》地牢地图

现在这种自动化地图发展为地图图面由云雾或黑幕遮蔽，依靠玩家在环境中探索进行"拨云见雾"从而揭开空间布局（如图 6-32 所示），这种模式容易给玩家一种探索欲——亟待寻求前方未知的秘密。这或许正是探索的真正意义：发现未知。

(a)《剑网 3：指尖江湖》游戏场景

(b)《烟雨江湖》游戏场景

图 6-32　游戏地图的探索性场景

c. 自动寻路类型

自动寻路是利用地图导航最方便的模式，游戏地图自动寻路算法也是研究游戏地图领域主要方向之一。自动寻路只需要在地图上设置目的地，角色即可自行选择路线抵达（如图 6-33 所示），这与现实搭乘交通工具有同等的效果。这种方法大多适用于对游戏场景和地图不熟悉的玩家，降低游戏门槛。但自动寻路是游戏既定路线，不可更改，而自主探路能够自主选择捷径。且依赖于自动寻路对于环境的认知却是非常不利，同现实依赖于导航软件自动导航，最终未形成自己对环境的经验知识。

图 6-33　《诛仙 3》自动寻路

其他类型的自动寻路还有任务型（点击任务即可自动寻找目标）、标记位置型等。

### 3. 特殊模式的导航

除了上述的场景导航和 HUD 导航，游戏中还有一些特殊而颇具价值的引导模式。在此列举三种特殊模式：分层引路、多视角切换引路、运镜引路。

#### 1）分层引路

第一种为立体导航模式，主要应用于复杂纵向的室内空间。如《异度之刃 1（Xenoblade Chronicles 1）》在鹰眼地图中通过颜色的层级和楼层的层级进行对应渐变的对应关系来导航，当前楼层颜色最深，距离越远颜色越浅（如图 6-34 所示）。

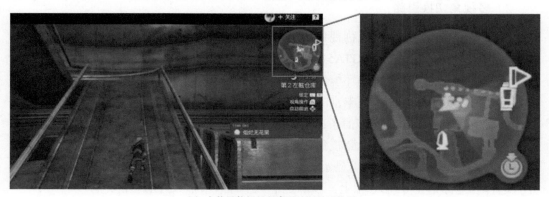

（a）立体导航场景与鹰眼地图显示位置 1

159

(b) 立体导航场景与鹰眼地图显示位置 2

图 6-34 《异度之刃 1》分层导航

第二种按照高度和层级分地图显示引导。这是现在导航地图室内模式较常使用的模式，优点是可以显示每一层的空间布局，缺点是层与层之间没有连贯性，层级之间的转换寻路很不方便。如图 6-35 所示的《异度之刃 2》按照层级分多个地图显示。现实导航地图应用在室内导航多为这种模式。

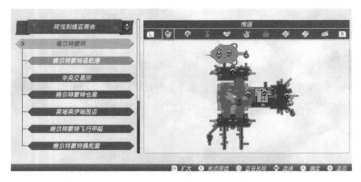

图 6-35 《异度之刃 2》层级地图

### 2）多视角切换引路

分为（第一人称与第三人称视角切换）玩家同角色本身视角的切换和（借助他物）玩家同外物视角的切换。如《GTA5》第一人称与第三人称视角切换效果如图 6-36 所示，第三人称可获得更广的视野和环境信息，第一人称可获得对角色更好的操作和环境的细节，比如获得更快的速度、更丰富的细节。

借助他物的视角如《刺客信条：奥德赛》借助"鹰眼"，玩家操控一只雄鹰在空中飞行，此时角色与老鹰共享老鹰视角［图 6-37 （b）］。进入此模式后观察点变高，俯视可以看到更大场景范围。并且可显示场景中的线索——特殊地点，可逐个查看详细信息，并且选择性地标记在导航尺/轴上，以确定下一个导航节点或导航目的地。

(a)《GTA5》持械姿势视角区别（左边为第三人称视角，右边为第一人称视角）

(b)《GTA5》持械动作视角区别（左边为第三人称视角，右边为第一人称视角）

图 6-36　《GTA5》视角区别示例

(a) 常规视角　　　　　　　　　　　　　　(b) 鹰眼视角

图 6-37　《刺客信条：奥德赛》常规视角和"鹰眼"视角对比

### 3）运镜引路

由游戏内自带的预设浏览模式，此时镜头、视野、角色均不可操作，类似于一种过场动画，通过聚焦于其他地方来引导玩家的下一步行为或警示玩家镜头运转处的危险。如《塞尔达传说：旷野之息》中，开启机关［如图 6-38（a）］后会镜头自动切换到对应的门［如图 6-38（b）］，此时出现门打开的画面［如图 6-38（c）］，这个镜头是从玩家角色出发，按一定速度移动到事件发生的地点，随后镜头再移动到角色本身［如图 6-38（d）］。可以理解为：此时机关启动的地点，游戏中的角色可以感知而玩家不能感知，为了给现实中的玩家附加信息，通过镜头运转来提醒玩家。

(a) 玩家操纵角色的行为

(b) 机关开启，镜头自动转向门

(c) 门开动画

(d) 玩家重获角色操作权

图 6-38 《塞尔达传说：旷野之息》运镜引导

### 4. 游戏地图导航与玩家探索相互影响

#### 1）场景地图对于玩家的空间引导

场景地图对于玩家的空间引导大致可以分为两种类型：

（1）反馈：反馈对玩家刚完成或尝试完成的动作给出指示，是对玩家操控的角色在场景地图中的主动行为所做出的回应。在日常生活中，它可以表现为电话或取款机键盘上的按键提示音。在游戏中，反馈就是玩家每一次和场景地图元素互动后所获得的指示，如 FPS 游戏中换弹夹的声音，或武器弹夹更换的视觉动画。一次互动也有可能会获得多个反馈的叠加。同时，当动作无法完成时，也会有提示消息，比如没有子弹的时候，游戏角色会通过提示音提示玩家无法更换弹夹。

反馈作为玩家动作的回应，拥有几点重要特征：

● 即时性：反馈必须紧随动作出现。

● 针对性：玩家要能够清楚地将反馈与自己的主动行为联系起来；反馈必须具有明确的针对性，这是其本质特征。

● 无歧义：反馈必须避免玩家产生误解，因此要有适当的形式。

- 可见性：反馈不能被其他增强沉浸感的声音或视觉效果所淹没，因此，可见性往往是最重要的特征。

反馈对玩家正确理解游戏进程是不可或缺的要素，其作用是提示玩家在场景地图中进行的动作或交互是否顺利完成。好的反馈能告诉玩家问题所在，甚至提供解决方法。

反馈的形式多种多样，大致可以分为三类：

- 视觉反馈：通过游戏画面的展示、变化等进行反馈。
- 听觉反馈：通过背景音乐、音效或是角色语音进行反馈。
- 触觉反馈：通过游玩时手柄的震动等进行反馈。

交互行为越重要，反馈就越必要。在优秀的游戏中，提示和反馈不仅出现在每一个交互环节中，而且能与游戏的情节和场景地图融为一体。

（2）提示：提示的作用是告诉玩家应该控制自己操控的角色做些什么。与反馈不同，提示在玩家行为之前出现。提示帮助玩家做出决策，在必要或可能的时候，以动态指引的性质告诉玩家该如何行动。

提示除了在屏幕上一直存在的图形用户界面，如罗盘或生命值等，也可以出现在场景地图中，如地上的光圈，提示玩家走过去再能到下一步。

提示是对玩家行为的一种刺激，与反馈有类似的特性：

- 可见性：提示很容易被听到或看到，优先于一切其他提供沉浸感的听觉、视觉和场景元素。
- 无歧义：提示应清晰而明确，玩家不应对其含义产生任何疑问。
- 易懂性：提示的形式必须与所要传达的信息有直接的联系。

与反馈相同，提示也有视觉、听觉、触觉三种提示形式。下文将就这三个方向分别进行详细阐述。

①视觉引导

场景地图在视觉上对玩家的引导有很多种，包括图像风格、视觉效果、光线选择、整体色度、不同类型的切换节奏、对比差距等。

a. 可视化标识的引导

电子游戏的标识一般包括下列元素：图形用户界面（graphical user interface，GUI）、菜单、字幕、动态效果等。具体包括：对可互动人物的标识、对可触发特殊事件地点的标识、用符号对前进方向进行暗示、系统弹出的文字提示。对可互动人物的标识为：对可接受任务、可完成任务、可购买道具或是可进行对话等交互行为的人物的标识。此类标识通常会出现在人物的头顶，有些游戏中不仅会标识这些人物是可以互动的，还会通过不同的符号来标注玩家与该人物可互动的类型，如图 6-39，左侧角色头上漂浮的标识代表此角色可互动。

图 6-39 可互动人物标识

对可触发特殊事件地点的标识为：对可进行存档、可更新剧情等交互行为地点的标识。此类标识通常是为了指出玩家目前应该前往的目标、根据玩家所处的位置进行游戏进度的储存，以及开始对于玩家行进方向上后续场景地图的加载。如图 6-40 所示，右侧的黄色箭头提醒玩家应该在此地点进行互动。

图 6-40 可触发特殊事件地点标识

用符号对前进方向进行暗示为：在这种情况下，场景地图中不会直接给出一个游离于周围场景中的非常明显的标识，而是在场景中放置需要一定的解谜才能获取其真正含义的符号，用暗示的形式为玩家指明接下来应该前进的方向。如图 6-41，集装箱上小狗鼻子的指向就暗示着玩家应该前往的方向。

图 6-41　用符号对前进方向进行暗示

系统弹出的文字提示为：一些场景下，游戏会直接弹出文字，提示玩家应当作出怎样的行为，如应该和场景地图中的哪个要素进行交互，应该在众多路径中选择哪一条路等。

b. 运动目标的引导

场景地图中除了静止不动的建筑物等地物，还会有移动的人物或物体，这些运动的目标也会对玩家产生引导。具体包括：跟随运动目标至目的地、被运动目标追赶至目的地、被运动目标强制带往目的地、运动目标来源地对方向的引导。跟随运动目标至目的地。有两种情况：一是即时性的，运动目标在玩家控制的前方移动，玩家跟在该运动目标的后方，到达运动目标想要将玩家带往的目的地；二是非即时性的示范性动作，运动目标在场景地图中进行特殊交互后前往了玩家之前无法探索目的地，在此之后玩家也可以模仿该运动目标在场景地图中进行这种特殊交互，进入目的地进行探索。如图 6-42，玩家会跟随前方目标前往目的地。

图 6-42　跟随运动目标至目的地

被运动目标追赶至目的地表示：当玩家控制的角色被运动目标追赶时，由于被该目标抓到或者碰到，会导致游戏结束或其他后果，因此玩家此时只能控制自己所扮演的角色朝前方逃跑。这种情况下，通常直到玩家到达所需要到达的目的地前，运动目标会不断地追逐玩家所控制的角色，直至达成目标。如图6-43，玩家控制的角色被滚动的枯木追赶至坡下。

图 6-43　被运动目标追赶至目的地

被运动目标强制带往目的地表示：在这种情况下，玩家会被运动目标强制带往目的地，途中无法离开既定的路线前往其他地方。被他人押送、被抓走、被带上交通工具等都是这种引导方式的体现。运动目标来源地对方向的引导可以分为两种情况：一是运动目标在来到玩家控制的主角面前的过程中，表示其来到这里的路径是可行的，也正提示了玩家可以探索这条路径；二是目标与玩家进行了远距离交互，两者之间的地理空间内有运动目标的位置变化，此时由于距离太远，玩家无法看到该目标具体的位置，但可以从远距离交互时运动目标移动的来源方向判断该目标的位置。

c. 背景类场景地图要素的引导

除了比较标识或是运动物体这样比较明确的引导外，还有一些不活动的可交互或不可交互的场景地图要素可以对玩家进行引导，以及限制玩家选择其他道路。可交互场景地图要素的引导包含可开启场景地图要素的引导、可破坏场景地图要素的引导、可移动场景地图要素的引导与可特殊交互场景地图要素的引导。可开启场景地图要素的引导表示：一些场景地图要素可以通过玩家的交互进行开启，通常为门一类的场景地图要素，在玩家进行交互后，相应的门就会打开，玩家便可以控制角色探索打开的场景地图新区域，或是开启捷径以免玩家绕路。如图6-44的门就是可开启的场景地图要素。可破坏场景地图要素的引导表示：部分场景地图要素可以被玩家所破坏。这类场景通常为阻碍玩家前进的障碍，当玩家破坏掉场景地图要素后，即可探索之前被堵住的地理区域。可移动场景地图要素的引导表示：有些场景要素可以被玩家移动。通常有两种情况：一是玩家类似于前两种情形，玩家可以将场景要素移开以开启新的场景地图区域；二是玩家将场景要素移动至所需要的位置后以此为媒介到达新的场景地图区域。可特殊交互场景地图要素的引导表示：各个游戏总会有一些特有的交互形式，玩家可以通过这些特有交互开启或到达新的场景地图区域。或是场景地图中有多种可交互场景要素相结合，由玩家通过观察和操作完成一定的解谜才可以开启或到达新的场景地图区域。

图 6-44　可开启的场景要素

　　不可交互场景地图要素的引导包含高辨识度场景地图要素的引导、延伸性场景地图要素的引导、特殊用途场景地图要素的引导、场景地图状态的引导。高辨识度场景地图要素的引导表示：场景地图中有时会出现游离于周围场景的高辨识度场景地图要素，可以吸引玩家的目光，引发玩家好奇令其前往调查，以提示方向或是获得线索等。如光芒，聚集的人群等。如图 6-45，前方断墙的光点会吸引玩家前往调查。延伸性场景地图要素的引导表示：当场景地图中出现长延伸性场景地图要素时，会非常有效地吸引玩家沿此场景地图要素前往其想要引导玩家前往的目的地。例如地毯、延伸的血迹等。如图 6-46，地毯上延伸的液体让玩家有迹可循。特殊用途场景地图要素的引导表示：场景地图中还会出现一些其他特殊用途的场景要素引导玩家前往。如场景地图中会安排一些掩体，玩家躲藏于掩体后方便能躲避敌人的攻势，或逃离敌人的追击。场景地图状态的引导表示：场景地图状态特别是天气也可以对玩家进行引导。如用耀眼的阳光、倾盆大雨、落在身边的闪电等来定义能见度，或是地面的湿滑、结冰、干燥等也可以影响玩家决定是否前往。

图 6-45　高辨识度场景地图要素

图 6-46　延伸性场景地图要素

　　限制玩家选择其他道路。有很多游戏中会出现这种状况：玩家所处的场景地图非常宽敞，场景地图要素也非常多，乍一看都不知道到底应该往哪个方向去，但是实际转了一圈之后总是能找到正确的道路。这种情况通常是因为场景地图限制了玩家选择其他道路，从而只能走目标路径。具体表现为堵住其他道路与放置危险要素。堵住其他道路表示：这是最简单但又最有效的方法，直接将其他的路径全部堵死，玩家就只能前往目标方向了。不过一般的游戏场景地图中会更加迂回一点，他们会让场景地图中的部分"错误路径"设置得仿佛是"正确路径"，但在玩家实际探索后会发现此路不通，从而兜兜转转最后选择正确的道路。这样设置的好处是显得场景地图更加真实，让玩家更有沉浸感。放置危险要素表示：另一种限制玩家选择其他道路的方法是在"错误路径"上放置一些可能对玩家控制的角色造成威胁的"危险要素"，让玩家不想靠近。如玩家目前还难以对应的敌方单位、会造成伤害的地面等。

d. 镜头运动的引导

如同电影一样，所有电子游戏都会使用虚拟的"摄影机镜头"。这个"镜头"可如同现实中的"眼睛"一样移动、观察具体的物体、关闭、变换视角、在物体上聚焦等。有了游戏视角，玩家才能看到角色动作和游戏所处的虚拟世界。

在 3D 游戏出现之前，2D 游戏只有单纯的侧面视角或俯视视角，而 3D 游戏出现后，视角的概念也进一步发展。现在游戏中的视角一般有四种：

- 主观视角：无法看到角色本身，因为玩家看到的就是角色的眼睛所看到的。只有通过镜子、反射面或剧情动画，玩家才能看到自己所扮演角色的样子。
- 第三人称视角：处在角色之外的视角能够让玩家看到完整的角色本身。
- 倾斜俯视视角：即时战略游戏。
- 侧面视角：刀魂等格斗游戏。

此处把游戏视角所带来的变焦、构图类型、剪辑动态与节奏、画面效果（颗粒度、饱和度等）等归入高辨识度场景地图要素引导中，此处只探讨第三人称视角中镜头运动所带来的引导作用。具体包括移动镜头至目标方向与移动镜头展示正确行进路线。移动镜头至目标方向表示：在剧情动画等播放过后，将镜头自动移至玩家应当前进的方向，玩家通常就不会再在周围探索场景地图，而是朝镜头所指示的方向前进。如图 6-47，进入该房间后镜头移动向这扇门，暗示之后可以从这扇门离开。移动镜头展示正确行进路线表示：在玩家需要通过部分相对长途且复杂的路径时，通常会移动镜头展示玩家将要行进的路线，让玩家了解方向与路径状况。如图 6-48，镜头移动展示了长吊桥及周围的地形，告诉玩家正确的路径。

②听觉引导

声音能构建场景，增加沉浸感，提供音效反馈或声音指令，帮助玩家更好地理解游戏进程。有些游戏甚至几乎 90%依靠声音来推进游戏，如《疑案追声》。游戏中的声音

图 6-47　移动镜头至目标方向

图 6-48　移动镜头展示正确行进路线

主要包括背景音乐、音效和语音。与视觉不同，声音在游戏中是可以关闭的，同时，角色的语音和部分音效在游戏中会有字幕标识，但还是把这部分归于听觉引导中。

a. 游戏角色语音对话内容的引导

有些时候，游戏中玩家所控制的主角与 NPC 之间、NPC 之间的对话、或是主角自己所说的话的内容可以为玩家指示接下来应该采取的行动。如图 6-49，角色直接用语音告诉了玩家应该去哪里。

图 6-49　游戏角色语音对话内容引导

b. 声场中声音来源对方向的引导

现在的许多游戏中，玩家可以通过声音大小与方向来确定发声源的大致位置，并对其进行调查，以推进游戏进行。

c. 通过音效对地理环境进行判断

在现在的游戏中，有些地理环境的变化会导致玩家听到的声音音效改变。例如当玩家处于山谷等狭窄空间中，就会听到回声。因此，当玩家听到场景地图中的声音音效时，即可以判断自身与前方地形，从而影响玩家的路径决策。

d. 背景音乐变化的引导

在一些情况下，背景音乐的变化也可以引导玩家控制角色前往目的地。例如，当玩家靠近正确路径时，会响起抑或是增强背景音乐的声音，提示玩家控制角色调查该条路径。如图 6-50，当玩家站在正确的门口时，背景音乐的声音会变大。

图 6-50　背景音乐变化的引导

③触觉的引导

即便是电子游戏也能对玩家进行触觉上的引导，而这一引导通常是通过手柄这一媒介进行。场景地图的互动会与现实中的游戏设备关联，在一些特定的情况下，游戏设备会通过震动等形式来对玩家进行提示或产生反馈。

**2）玩家对于场景地图的主动探索**

无论场景地图中设置了多少对于玩家的引导，玩家始终是游戏的主导者。

几乎所有电子游戏都会设计在两个水平上的获胜机会：第一个水平的获胜就是通关，即到达游戏冒险的终点，结束游戏故事；第二个水平的获胜是完成游戏中的全部挑战，即 100%获胜。通常，通关便可解锁新的游戏模式、隐藏关卡和其他挑战。

玩家对于场景地图的主动探索基本都基于以上这两个水平的获胜机会，他们甚至会为此"重玩"游戏。"重玩"是一个基本概念，能使玩家回到之前的关卡，完成在第一次通关时不需要完成的可选挑战。

a. 可交互的便利设施

在场景地图的各处都可能会设置一些可交互的设施，为玩家的游戏进程提供便利。

（1）可购买道具设施。通常是商店、商人之类的可购买道具设施，通过与他们交互，玩家可以购买自己所需的道具和装备。如图 6-51，玩家可以在商人处购买道具。

图 6-51  可购买道具设施

（2）可恢复设施。通常是可以让玩家操控的角色休息的设施，休息后的角色在体力与其他各项能力值上会有一定的恢复。

（3）可快捷移动设施。可以为玩家提供便捷移动的设施，可以是传送点或是交通工具乘坐点等。

b. 对游戏完成度及奖励的追求

游戏环节包括三个连续的阶段：目标、挑战和最终奖赏。

游戏奖励总是对应于完成一个游戏环节。其始终与投入的努力成正比，且与玩家的期待相一致。游戏奖励总是采用若干种形式，且始终与场景地图相关联。

（1）外在激励：外在激励代表来自玩家外部的所有激励力量。这些元素不与玩家本人直接相关，而与他在游戏里的虚拟角色相关。这类激励元素无非是游戏里的黄金、奖品，能对游戏本身的开展产生影响。赢取生命值、经验值、新武器、新技能是对游戏角色的奖励，应用于游戏本身；赢得医药箱即可恢复生命值，玩家就可以玩更长时间，或在更危险的挑战中获胜；获得新武器或新能力就是获得更多可能的玩法，这也是游戏角色与虚拟世界的互动方式；最后，获得经验值直接影响着玩家所要面临的挑战，因为难度级别直接取决于角色与障碍之间的经验等级差。生成外在激励的元素有无限多种形式，但只要它们仅应用于角色和游戏本身，其性质就不会改变：①对提升能力道具的收集。玩家会倾向于寻找并收集能够提升其角色能力属性的道具或装备，为此他们会探索地图的各个角落，打开每一个找到的宝箱，收集每一个可以拾取的道具。有些宝箱不仅可以获得道具，还可以恢复玩家所操控角色的体力等属性值。②对主线剧情要素的收集。这类要素或许不能对玩家的角色起到实质性的能力与属性的提升，但玩家必须要收集他们才能继续推进游戏，完成新的挑战或是得到新的提升。

（2）内在激励：内在激励即作用于玩家本人的所有激励元素。通常，它们给玩家带来了游戏结束之后依然存在的实际益处，这种益处可以是生理上的、精神上的，也可以是社会性的。健身游戏给人带来生理上的益处，即玩家收获健康或者减肥成功，但这种益处并不会对游戏本身有什么改变。益智游戏或大脑训练游戏提供了另种益处。《刺客信条》系列游戏讲述了意大利文艺复兴时期的历史，供玩家学习，其哪怕这并非游戏体验的核心，而且游戏里的故事往往难辨真假。①情感上的满足。游戏环节有很多个维度，例如基本环节、任务环节或是区域环节。玩家倾向于完成所有的游戏环节，不仅是为了内在激励（角色能力的提升，游戏剧情的推进）。游戏多会设置许多对于任务的完成、奖杯与其他特殊要素的收集，玩家通过收集这些要素，可能只是为了收集完全的满足感。②身体上的满足。诸如《健身环大冒险》《舞力全开》《有氧拳击》等游戏，不仅能让玩家体会到游玩的乐趣，还能实实在在地起到锻炼身体的作用。

# 6.4　游戏导航对现实的启示

## 6.4.1　现实导航与游戏地图导航的异同

现实导航的模式和游戏中的导航模式有诸多相似性，但游戏作为一个虚拟的环境，可以无视物理规则和现实规则的约束，从而实现更多的可能性。这里将现实导航同游戏地图导航进行一个对比，目的是通过对比两者异同点来为游戏地图的导航借鉴分析提供基础。为了详细区分现实导航与游戏地图导航，主要从环境规模感构建、导航模式、引路机制、认知尺度、环境的叙事性、地图导航的模式、导航者身份和文化传播性 8 个方面进行对比分析，分析结果如表 6-1 所示。

表 6-1　游戏地图导航与现实导航异同点对比

| 分类 | 游戏地图导航 | 现实导航 | 总结 |
| --- | --- | --- | --- |
| 环境规模感构建 | 环境构建优势 | 环境规划 | 互相借鉴 |
| 导航模式 | 场景导航与 HUD 导航 | 环境导航与导航工具导航 | 大同小异 |
| 引路机制 | 较强 | 为解决需求 | 可借鉴 |
| 认知尺度 | 四个空间 | 四个空间 | 通用 |
| 环境的叙事性 | 认知记忆性更强 | 应用较少 | 可借鉴 |
| 地图导航的模式 | 多样 | 虽然也有多样但不成熟，总体较为统一 | 可为当前借鉴和未来借鉴 |
| 导航者身份 | 玩家身份和角色身份 | 导航者身份（同角色身份） | 可为当前借鉴和未来借鉴 |
| 文化传播性 | 结合性较强 | 较弱 | 可借鉴 |

下面予以详细的分析和解释：

（1）环境规模感构建互相借鉴。游戏地图其场景的构建是"以实构虚"的方式，借鉴现实的地理地形、建筑风格、地域气候等知识和现实的地图影像与统计数据等构建游戏场景，并参考现实的时空、社会概念赋予游戏环境规模感，使得游戏成为一个逼真的现实模拟环境；游戏反过来通过控制影响环境的几个因素，如环境差异性、视觉可达性、空间布局的复杂性、标识性和建筑环境的五个地物形态来控制环境导航认知的难易程度，其可作为一个优秀的认知实验环境，并影响现实环境的规划，两者互相借鉴，共同促进环境的改善。

（2）导航模式大同小异。两者在总体分类上是相同的，分为环境导航和工具导航，相对应游戏地图中为场景导航和 HUD 导航。人们无论在现实环境还是在游戏环境中都是采用地标知识、路线知识、调查知识的模式来获取导航过程中的信息，且导航所用的方法也是相同的理论体系（详细见第 2 章），区别在于具体的引路模式上。

（3）游戏地图导航突出优势在于引路机制，引路与寻路的区别在于寻路研究是对现存环境的认知，引路则是现存环境怎么影响认知，怎么改进现存环境可促进认知。对于现实的环境和导航地图的导航模式在这方面还存在很大的提升空间，研究游戏地图导航的目的正是从游戏地图中借鉴其优秀的导航模式对现实的导航予以改进，使其促进人们的认知和增强环境的宜居性。

（4）认知尺度划分相同。如游戏环境认知关系图和层级划分图所示（图 6-2 与图 6-4），游戏空间同现实空间同样可以适用认知空间的尺度划分。且游戏空间的分级非常鲜明，比起现实的空间复杂性和一些因素的限制，游戏空间对于实行认知尺度实验更具优势。

（5）可借鉴游戏场景的叙事引路模式。游戏环境导航通过场景叙事的模式进行，通过叙事的模式赋予环境关键性地物线索，再通过引导性的设计（如光影、纹理、声音甚至动态）将线索进行整合最终抵达目标所在并在此过程中形成对环境的认知地图，将经过的节点赋予事件的含义而更具记忆意义。这也可作为一个借鉴点，如有效结合现实地理风俗文化或地方特色等。

（6）可参考游戏地图中一些优秀的导航引路模式。人们现实生活中可以随时随地使用导航应用如地图、GPS、雷达来自我定位、位置查找、规划路线、辨别方向。而现实使用的导航工具和游戏中使用的 HUD 是同质的。剧情 HUD 相当于玩家的一种技能，从环境中快速检索和显示某些物体，与现实导航地图相对应的搜索筛选功能，显示 POI（point of interest，兴趣点）点本质相同。但市面上的导航地图功能上大同小异，模式较为统一，各方面如导航的尺度、环境的细化程度（街景地图）、主题模式还有视角切换、多目标标记等都有涉及但并不深入，仍存在很大的发展空间。

游戏中导航引路更加全面，如任务栏引导、地图轴导航都是多目标、可选择切换导航模式，尤其是地图轴导航，其中大大简化了导航界面，并提供距离、方向、不同样式目的地标记等，使得导航更加清晰和舒适，从而更聚焦于场景中。其他一些如鹰眼地图引导（其风格和样式）、分层导航地图的表达方式等对导航应用的改进可能提供一些参考。同样还有类似场景 2D 标识引导、多视角、运镜引导可能由于当前技术或物理条件限制无法实现，但对于将来的 AR、MR 模式的导航很大可能得以应用。

（7）导航者身份。在游戏中导航往往是双重身份：玩家身份（作为上帝视角）和角色身份，而我们在现实环境中导航往往只有一个身份，同角色身份，因此很多可能是通过玩家身份进行导航的模式可能不适用于现实情况，如镜头运转引导、多视角引导、聚焦式导航（运镜引导），但是这可能是将来利用 AR、MR 技术进行导航的方式。

（8）文化传播性。主要通过游戏场景叙事的导航模式来传达，在导航结束后，玩家对某个地点印象深刻可能是因为该地点发生的事件或是该地点特殊的文化背景，而此过程比起现实到某个地方的导航或旅游更具记忆性。现实更加多彩，文化底蕴更加丰厚，每个地方都有自己特色和文化事迹，可仿照游戏场景叙事的模式将其融入环境的一砖一瓦中，通过地理地物来表达区域形象和进行文化普及，可能是个有效的方法。

此外，社会性影响导航。刚进入游戏的人容易迷路，如果游戏设定有自动导航，则往往依赖于自动导航，如果没有自动导航，则同现实世界中的人到达一个陌生的地方的感受相同。社会性有助于人们在环境中的导航定位。社会性是游戏虚拟世界与现实世界的共同本质，是玩家在游戏空间中交互而发展起来的，随着玩家对环境的熟悉并培养起对游戏世界的归属感，也使游戏空间更加"宜居（有引力）"和完善，游戏空间也进化为游戏人文空间（应申等，2020）。

## 6.4.2　游戏地图导航引路启示

### 1. 对现实环境的启示

围绕"人们对导航地图应用过于依赖"的问题，究其本质是个人本身的导航先验经验不足（技术性知识缺乏）和后天的认知环境的方式不熟练或未成体系（陈述性知识不知如何获取）导致的，另外还有一些环境类、导航工具使用类的外在因素影响，其具体表现在导航过程中就是对环境的认知问题和环境本身的影响因素。根据前文游戏地图导航的优势和上一节对现实导航和游戏地图导航的异同点的对比，提出游戏地图导航对现实环境导航的启示，相对应的主要是游戏地图的场景导航的场景设计引路、叙事引路、特殊元素引路模式对环境导航的启示。

（1）在城市规划层面，游戏有着环境构建的高仿真性和更直观的空间表现，可根据游戏场景设计引路模式，设计多层次的引导体系。根据游戏中场景的设计和引路模式的构建来规划城市中地标位置；有效利用现实环境中的光影、声音、高低地形，还有城市意象，因地制宜和点石成金，设计引导标识，增强环境的可意象性、时空人文性、认知性，结合现代化建筑理论、地理特色及文化传承将城市规划为一个更合理的人文空间。

（2）通过借鉴游戏地图的叙事引路模式，使环境设计有效结合现实地理风俗文化或地方特色。正如迪士尼乐园，将故事的元素融入现实空间和地物（如道路、房间、建筑、广场）中，通过光影、色调、墙体纹理渲染环境氛围，做到"借景叙事"，这样人们在这些地物要素中移动时不由自主就会沉浸其中，并被这些"线索"吸引，而继续前行寻找下一个。当前城市建设中也逐渐出现诸如"主题公园"式设计，这类公园大量使用环境标识和叙事物作为导航,提供足够的娱乐设施吸引人往来反复。这些正是类似游戏场景叙事的模式展现环境,去除文字和箭头,给予人们充分的自由性和引导性来探索。

(3)利用游戏环境作为认知的培养基地。游戏使人自愿去接收困难的事,并乐在其中。现实环境导航的理论知识在游戏场景同样适用,这使得在游戏环境中培养环境认知成为可能。魁北克大学的教授 Simon Dor 认为,比如玩家在游戏中培养出的"阅读地图技能",完全可以应用到生活中,而如果有人玩过基于欧洲历史的游戏,势必也会因这些体验而了解更多国家。西班牙建筑师 Enrique Parra 和 Manuel Saga 同样提到,有游戏经验的人,知道自己所处的空间在虚拟世界是如何呈现的,这使得制图和建筑语言比以往任何时候都更接近普通大众[①]。

(4)作为一个认知的实验研究环境。游戏通过控制影响环境认知因素可调整环境认知难易程度,和游戏与认知尺度理论的契合,都是成就游戏作为认知环境的关键因素。Lee 等(2014)所进行的一项研究关于驾驶员在驾驶过程中,由于 GPS 导航信息的抽象性和模态的水平而引起的注意力分散和理解力变化,采用的实验环境就是《GTA5》。这利用的正是《GTA5》游戏的极高仿真度:基于真实城市构建的虚拟世界,道路等各种包含地理信息特征的地标都能以 3D 模型精确地呈现。并且几乎模拟了真实的交通情况,包括驾驶知识、交通规则、交通标识、交通设施都源于现实(如红绿灯能像现实中一样运行),通过 AI 技术使得路人 NPC 都有自己的行为。最重要的是真实的驾驶体验,这使得《GTA5》成为一个良好的导航实验模拟平台。

## 2. 对地图的启示

人们利用导航工具出现认知问题的争议本质是现代导航地图应用只是依据地图和技术的发展将地图内容数字化仅作为参照的底图,未将经典认知理论与之融合。而地图本身对促进认知有很大的作用。有证据表明,对导航地图提供的可视化和指令的改变可以改善空间记忆(Thrash et al., 2019)。Kiefer 总结出地图导航的三个关键设计点:

(1)有效的空间沟通,指导航地图模式的设计;

(2)模拟的有效性,选择最合适的环境模拟程度以最大程度促进认知,另外考虑个体化差异因素;

(3)尺度与空间选择,包括环境的空间尺度、认知的尺度和心理尺度。

对于导航地图导航认知的问题,根据游戏地图导航的特点和优势,相对应的主要是游戏地图的 HUD 导航的非剧情 HUD 引路,地图引路模式对地图导航的启示。结合上文理论,可得出三方面的启示:

(1)游戏地图的非剧情 HUD 引路模式对导航地图界面的设计的启示。首先对于导航的模式可借鉴游戏地图中的地图轴导航,进行多个目的地标记并可中途编辑目的地和

---

① 参考 https://www.gameres.com/695836.html

变向导航，从而更好地应对突发情况，也便于在进行路线规划时选择最佳路径。当前的导航地图已经拥有添加途经点的功能，只是内容受限于 POI 点的采集等现实因素和技术因素，功能应用不是很方便，游戏地图的模式可为一个借鉴。

其次是对地图纵向标记的启示。室内地图的多层导航是当前重点研究的内容之一，但室内定位的精度一直受限于卫星定位的精度。与卫星定位技术相比，其他室内定位技术［如 Wi-Fi、蓝牙、红外线、超宽带、射频识别技术（radio frequency identification，RFID）、ZigBee 和超声波等不同形式的导航模式］也能为室内导航提供技术支撑。分层显示地图是现在已有的模式，但人们所需的是层级之间的连贯性，可能受限于法律法规或区域隐私，对于高度的信息不能获取，但导航更多情况下是给予人一种导航提示，因此借鉴游戏的模式设置虚拟的高度采用颜色渐变的模式附加智能推算的方法进行层级连接可能是一种解决办法。

（2）地图引路模式地图内容的设计。从制图学的角度来看，导航地图的图形元素（例如，指示地标的符号）根据位置、大小、形状、方向、颜色色调、颜色值和纹理几个视觉变量而变化，以促进用户的理解。结合游戏地图导航中的一些特殊要素的设计以增强引导体验的方法，而给予了现实导航系统一些重要启示：强调情感相关和关键决策点的地标，提高地标本身的辨识度，而对特定地标的识别能力的提高可以促进路线知识的学习（Thrash et al.，2019）。而这同时也促进了地图认知的可视化和自我定位的过程，从而增强用户对基于位置的服务的体验。最终促进导航认知。

（3）地图的探索性。地图的探索性是地图非常重要的功能，但当前地图的导航模式仅是用户在需要时才会使用，不能激发用户欣赏或探索的欲望，也忽视了导航途中的新奇性；现实世界是高复杂度和高自由度，可探索的地方无处不在，导航地图可根据定位来确定本地风俗民情和特色文化，定制导航模式中不同区域的特色风格，附加探索中一定的反馈机制［如在场景可视范围内出现奖励（如地方特色或文化地点等）］，提升地图导航探索价值和人们探索兴趣（应申等，2020）。而目前市面上的导航地图界面都是一目了然的，目的就是第一时间给予用户最清楚快捷的搜索浏览体验；这样也使地图失去本身的探索意义。地图可按照游戏这种迷雾模式进行改进，这样给予刚到陌生环境的人（如初入游戏时间的新玩家）一种新奇、丰富又记忆深刻的体验，当然需考虑一些现实因素如安全、权限问题。当然，地图的云雾缭绕模式并非像游戏那么彻底，用户可设置搜索目的地一定范围内的清晰度或可调节透明度的高低，这样既不影响体验又拥有探索的乐趣。

## 参 考 文 献

戴安娜·卡尔，大卫·白金汉，安德鲁·伯恩. 2015. 电脑游戏: 文本、叙事与游戏. 北京: 北京大学出版社.

简·麦戈尼格尔. 2012. 游戏改变世界: 游戏化如何让现实变得更美好. 闾佳译. 杭州: 浙江人民出版社.

斯科特·罗杰斯. 2013. 通关！游戏设计之道: Level Up! The Guide to Great Video Game Design. 北京: 人民邮电出版社.

应申, 侯思远, 苏俊如, 等. 2020. 论游戏地图的特点. 武汉大学学报(信息科学版), 45(9): 19-28.

袁建锋, 崔铁军, 姚慧敏. 2008. 基于空间认知的虚拟地形环境构建研究. 测绘与空间地理信息, 31(4): 114-116.

朱静雅. 2017. 地标对路径整合效率的影响. 南京: 南京师范大学.

Appleyard D. 1969. Why buildings are known: A Predictive Tool for Architects and Planners. Environment and Behavior, 1: 131-156.

Barsalou L W, Simmons W K, Barbey A K, et al. 2003. Grounding conceptual knowledge in modality-specific systems. Trends in Cognitive Sciences, 7: 84-91.

Burnett G, Smith D, May A. 2001. Supporting the navigation task: characteristics of 'good' landmarks. Contempory Ergonomics, (1): 441-446.

Crampton J. 1992. A Cognitive Analysis of Wayfinding Expertise. Cartographica The International Journal for Geographic Information and Geovisualization, 29(3-4): 46-65.

Day L B, Weisend M, Sutherland R J, et al. 1999.The hippocampus is not necessary for a place response but may be necessary for pliancy. Behavioral Neuroscience, 113: 914-924.

Downs R M, Stea D, Meining D W. 1977. Maps in Minds: Reflections on Cognitive Mapping. New York: Harper & Row.

Evans G W, Pezdek K. 1980. Cognitive mapping: Knowledge of real-world distance and location information. Journal of Experimental Psychology Human Learning and Memory, 6(1): 13-24.

Federico T, Franklin N. 1997. Long-Term spatial representations from pictorial and textual input. Spatial Information Theory A Theoretical Basis for GIS: International Conference COSIT'97 Laurel Highlands, Pennsylvania: Springer Berlin Heidelberg.

Goodchild M F, Egenhofer M J, Kemp K K, et al. 1999. Introduction to the Varenius project. International Journal of Geographical Information Systems, 13(8): 731-745.

Gunzelmann G, Anderson J R, Douglass S. 2004. Orientation Tasks with Multiple Views of Space: Strategies and Performance. Spatial Cognition & Computation, 4(3): 207-253.

Hart R A, Moore G T. 1973. The development of spatial cognition: A review. Chicago: Aldine Publishing Company.

Holyoak K J, Mah W A. 1982. Cognitive reference points in judgments of symbolic magnitude. Cognitive Psychology, 14: 328-352.

Iachini T, Ruggiero G, Ruotolo F. 2014. Does blindness affect egocentric and allocentric frames of reference in small and large scale spaces? Behavioural Brain Research, 273: 73-81.

Ittelson W H. 1973. Environment perception and contemporary perceptual theory. Environment & Cognition, 1-19.

Kerkman D D, Stea D, Norris K, et al. 2004. Social attitudes predict biases in geographic knowledge. The Professional Geographer, 56(2): 258-269.

Lee B, Lee Y, Park S, et al. 2014. Driver's distraction and understandability(EOU)change due to the level of abstractness and modality of GPS navigation information during driving. Procedia Computer Science, 39: 115-122.

Lobben A K. 2004. Tasks, strategies, and cognitive processes associated with navigational map reading: A review perspective. The Professional Geographer, 56(2): 270-281.

Loomis J M, Klatzky R L, Golledge R G, et al. 1993. Nonvisual navigation by blind and sighted: Assessment of path integration ability. Journal of Experimental Psychology: General, 122: 73-91.

Lumley H. 1966. Les fouilles de Terra Amata à Nice. Premiers résultats. Bulletin of the Museum of

Anthropology and Prehistory of Monaco, 13: 29-51.

Lynch K A. 1960. The Image of the City. Cambridge: The MIT Press.

Maguire E A, Burgess N, Keefe J O. 1999. Human spatial navigation: cognitive maps, sexual dimorphism, and neural substrates. Current Opinion in Neurobiology, 9(2): 171-177.

Marchette S A, Bakker A, Shelton A L. 2011. Cognitive mappers to creatures of habit: differential engagement of place and responselearning mechanisms predicts human navigational behavior. Journal of Neuroscience 26 October 2011, 31(43): 15264-15268.

Meilinger T, Frankenstein J, Watanabe K, et al. 2015. Reference frames in learning from maps and navigation. Psychological Research, 79(6): 1000-1008.

Michon P E, Denis M. 2001. When and why are visual landmarks used in giving directions? Spatial Information Theory, 292-305.

Montello D R. 1993. Scale and multiple psychologies of space. European Conference on Spatial Information Theory, 312-321.

Montello D R. 2005. Navigation. In Shah P, Miyake A (Eds.), The Cambridge Handbook of Visuospatial Thinking. Cambridge: Cambridge University Press, 257-294.

Montello D R. 2009. Cognitive research in GIScience: Recent achievements and future prospects. Geography Compass, 3(5): 1824-1840.

Morrison J L. 1976. The science of cartography and its essential processes. International Yearbook of Cartography, 16: 84-97.

Neville D O. 2015. The Story in the Mind: The Effect of 3D Game Play on the Structuring of Written L2 Narratives. ReCall, 27(1): 21-37.

Pasqualotto A, Proulx M J. 2012. The role of visual experience for the neural basis of spatial cognition. Neuroscience & Biobehavioral Reviews, 36(4): 1179-1187.

Pasqualotto A, Spiller M J, Jansari A S, et al. 2013. Visual experience facilitates allocentric spatial representation. Behavioural Brain Research, 236: 175-179.

Passini R, Proulx G. 1988. Wayfinding without Vision-An Experiment with Congenitally Totally Blind People. Environment & Behaviour, 20(2): 227-252.

Passini R. 1992. Wayfinding in architecture (2nd ed.). New York: Van Nostrand Reinhold Company.

Passini R. 1996. Wayfinding design: logic, application and some thoughts on universality. Design Studies. 17(3): 319-331.

Proulx M J, Todorov O S, Aiken A T, et al. 2016. Where am I? Who am I? The Relation Between Spatial Cognition, Social Cognition and Individual Differences in the Built Environment. Frontiers in psychology, 7.

Rodman P S. 1999. Whither primatology? The place of primates in contemporary anthropology. Annual Review of Anthropology, 28: 311-339.

Ruggiero G, Iachini T, Ruotolo F, et al. 2009. Spatial memory: The role of egocentric and allocentric frames of reference. Spatial Memory: Visuospatial Processes, Cognitive Performance and Developmental Effects. New York: Nova Science Publishers.

Saga M, Parra E. 2017. MetaSpace. Arquitecturas para el metaverso. Visiones Alternativas a la ciudad de hoy, 249-260.

Schacter D L, Tulving E. 1994. Memory systems 1994. Cambridge: The MIT Press.

Shelton A L, Clements-Stephens A M, Lam W Y, et al. 2012. Should social savvy equal good spatial skills? The interaction of social skills with spatial perspective taking. Journal of Experimental Psychology: General, 141(2): 199-205.

Shelton A L, Mcnamara T P. 2001. Systems of spatial reference in human memory. Cognitive Psychology, 43(4): 274-310.

Siegel A W. 1981. The externalization of cognitive maps by children and adults: In search of ways to ask better questions. In: Liben L S, Patterson A H, Newcombe N (Eds.). Spatial representation and behavior across the life span: Theory and application. New York: Academic Press.

Thorndyke P W, Hayes-Roth B. 1982. Differences in spatial knowledge acquired from maps and navigation. Cognitive Psychology, 14: 560-589.

Thrash T, Lanini-Maggi S, Fabrikant S I, et al. 2019.The Future of Geographic Information Displays from GIScience, Cartographic, and Cognitive Science Perspectives. // Conference on Spatial Information Theory. Leibniz International Proceedings in Informatics, 142(1868-8969): 19: 1-19: 11.

Tversky B. 1992. Distortions in cognitive maps. Geoforum, 23(2): 131-138.

Uttal D H. 2000. Seeing the big picture: map use and the development of spatial cognition. Developmental Science, 3(3): 247-286.

Vasilyeva M. 2005. Spatial Cognition and Perception - ScienceDirect. Encyclopedia of Social Measurement, 591-597.

Wehner R. 1999. Large-scale navigation: The insect case. Spatial Information Theory. Cognitive and Computational Foundations of Geographic Information Science: International Conference COSIT'99 Stade. Germany: Springer Berlin Heidelberg.

Weisman J. 1981. Evaluating architectural legibility: Way-finding in the built environment. Environment and Behavior, 13: 189-204.

# 第 7 章　游戏地图的叙事分析

随着计算机多媒体技术的发展和网络的普及，人在虚拟社区中获得了社会属性并在"虚拟现实"时空中获得了充分的自由，电子游戏逐渐具有了强大的叙事能力和情感负载功能。比起电影与书籍，身为交互艺术的电子游戏让人们真正走入了故事。游戏通过玩法机制为玩家与故事建立了互通的桥梁，让观众从单方面的阅读与观赏转变为了多向的主动干预与反馈。毫不夸张地说，电子游戏改变了人们体验故事的方式。与传统的线性叙事形式不同，如在书籍和电影中常见的线性叙事形式，3D 视频游戏的数字叙事必须首先通过玩家活动进行配置，然后才能被解释为一个有意义的故事（Neville，2015）。借助游戏场景和游戏"交互"，玩家在身体、心理和情感层面上反复摸索游戏世界的轮廓，由此产生的故事与玩家本身一样独特，代表了一种高度个性化的情境活动和认知形式。

## 7.1　游戏地图的叙事模式

法国哲学家 Michel de Certeau 认为地图以探索未知（touring）和重构已知（mapping）为双重目标（Lammes，2008）。地图的重构已知（mapping）是大家所熟悉的制图功能和"讲故事"性。电子游戏在诞生早期，仅仅是"游戏规则+图形"的机制，游戏设计者的关注点则放在游戏机制与美术上，游戏地图的功能是引路和承载地图资源，而剧情可有可无，甚至早期互动和叙事两方面是相对立的，属于线性与非线性的矛盾（郭磊，2018）。后来游戏找到了两者的平衡，并且技术的进步和时代的需要使其竟逐渐成了游戏的核心，即游戏叙事的模式。

游戏的叙事模式同传统文学（线性、非交互基于情节的叙事方式）不同，游戏的故事是非线性且具有互动性的（Göbel et al.，2009），它是玩家活动的产物。每一个新故事的曲折之处都是从前一个故事的领土上飞出来的线，故事沿着这条线重新划分了一个新的边界，并创建了一个新的地图（Host，2009）。利用这个说法来解释游戏中的故事再合适不过。游戏既是用这种方式串联的一个个故事，也是以该种方式刻画的一个个地图场景。玩家在进行游戏与场景的互动的过程中将一切线索组织到一起，从而形成一个"故事地图"：故事地图是玩家在认知游戏空间的同时，结合沿途遇到的有针对性地唤起记忆的叙事元素的结果。这正如人在现实世界中的导航依赖于人脑认知地图的创建一样，每一个故事地图都是一个认知地图（Neville，2015），这也是玩家对该游戏的理解。

故事地图的形成源于游戏场景的设计，而游戏场景是根据游戏的故事背景来设定的，它既是载体，又是玩家和这个游戏世界"真相"相维系的媒介；大至场景中的自然社会环境，其可渲染情节故事的风格和氛围，如《古墓丽影》的故事展开主要在地下，其主要环境氛围就是阴暗、潮湿，包含古墓、宝藏、机关等元素，突出其神秘恐怖的主题；细至地物、建筑、道具等，都有各自的寓意和隐含的线索，如《剑网3》章城门外的渭河上便桥桥头碑，碑上记载了唐太宗于此斩杀白马，与突厥在便桥之上缔结盟约的事件，给玩家交代该地点的时代背景和历史事件。

地图的重点并不是呈现我们所见到的世界，而是指向一个我们所能知道的世界（Crampton，2005）。这是地图探索未知（touring）的最初含义。从古至今，地图的发展展现了人类探索世界的历程。当前，目的性很强的功能性导航地图迎合了人们"不出户，知天下""两点一线"的生活模式，但是人类在享受先人的探索性成果的同时也正在失去一些好奇心与创造力。如何将地图和通信技术（ICT）结合实现"信息空间"的导航探索是当前地图探索性的重点。

游戏地图则很好地将探索未知和重构已知结合到了一起。探索未知是游戏探索性，而重构已知是游戏叙事性，两者又由游戏地图和游戏架构还有游戏玩家联系到了一起。游戏的探索性主要体现在三个方面：一是游戏地图的引力，二是游戏地图的高自由度，三是游戏地图对场景的构造方式。

游戏地图中的诱导引力是游戏生存的根本。诱导引力主要由引力设计、引路功能和地物（如建筑）布局决定。以《塞尔达传说：旷野之息》为例，它利用游戏地图三大引力［图7-1（a）］：高大醒目的引力、有目的性的引力、亮度突出引力来打造沉浸式体验。采用有隐藏和视野远眺效果的三角形为元素，利用地形三角形法则（指由大、中、小三角形进行组合），形成多级目标物和可探索地点，并由明显的级别地点叠加隐藏地点，增强探索性和游戏性［图7-1（b）、图7-1（c）］；有效利用地势的高低和引力地标系统，构建出一个庞大而复杂的引导体系。这给现实导航系统了一些重要启示：地图中路标和地标的设计要讲究特色和人性化。将高大地物设定为特殊风格并突出细节；针对用户有目的性的搜索，显示的结果可在显示的界面及显示的地物布局、风格方面进行着重笔墨；有效利用地形搭建特色引导体系，随着地图漫游或缩放，地图的不同地方或层级会出现一些彩蛋或隐藏的地点或细节（比如特色小店、地方风俗文化介绍或特产等）。

(a)《塞尔达传说：旷野之息》三大引力

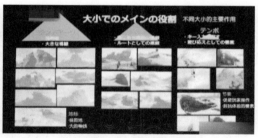

（b）场景三角法则概念图　　　　　　　　　（c）根据三角法则进行地形划分

图 7-1　《塞尔达传说：旷野之息》"引力"设计

图片来源：http://www.vgtime.com/topic/801487.jhtml

　　游戏地图中常见的激发探索欲的地图模式是迷雾模式，随着角色的前进推移，其所经过的地方才能在地图上显示全貌，其他地方则不可见（图 7-2），这种模式容易给玩家一种探索欲——亟待寻求前方未知的秘密。这或许正是探索的真正意义：发现未知。而目前市面上的导航地图界面都是一目了然的，目的就是第一时间给予用户最清楚快捷的搜索浏览体验。但这样也使地图失去本身的探索意义。地图可按照游戏这种迷雾模式进行改进，当然，地图的云雾缭绕模式并非像游戏那么彻底，用户可设置搜索目的地一定范围内的清晰度或可调节透明度的高低，这样既不影响体验又拥有探索的乐趣。

（a）《剑网 3：指尖江湖》地图场景　　　　　　　（b）《烟雨江湖》地图场景

图 7-2　游戏地图的探索性场景

　　自由度的提高正是游戏发展的趋势，包括开放式、沙盒式之类热门游戏风格，它们讲究无限的支线任务点和随机生成的地形地图，以更大程度模拟现实世界，允许用户无视主线任务在游戏中进行尽情地探索。但当前地图的导航模式仅是用户在需要时才会使用，不能激发用户欣赏或探索的欲望，也忽视了导航途中的鲜活劲儿和独特性；现实世界是高复杂度和高自由度，可探索的地方无处不在，导航地图可根据定位来确定本地风俗民情和特色文化，定制导航模式中不同区域的特色风格，增加导航过程乐趣。

　　场景构造方式由地物构建风格、色彩搭配及场景还原度等多方面决定。游戏地图拥有很强的建模优势和建筑还原性，且场景并不是复制现实建筑，而是以一种与背景故事氛围等相和谐的方式融入其中。如《刺客信条：大革命（Assassin's Creed Unity Companion）》是世界范围内的写实探索冒险性游戏，《古墓丽影：崛起》是主要凸显四大文明的底蕴，发现一些未知之谜，这些都是以现实历史场景为基础进行场景重构的典型代表（图7-3）。场景建造的好坏决定玩家对游戏第一印象的观感，导航地图也是如此，地图内容的美丑往往决定了用户对其的青睐程度，影响地图是否被采用和普及。

(a)《刺客信条：大革命》巴黎地图与卢森堡宫场景　　　　(b)《古墓丽影：崛起》场景

图 7-3　游戏地图的场景构建

# 7.2　游戏地图的叙事要素

第 5 章中提到过游戏地图中的要素组成与表达现实世界的抽象元素采用同等的概念，具体包括时间、地点、人物、事物、事件、现象和场景七要素。而游戏地图中主要通过场景进行叙事，叙事场景又以时空为舞台，通过对人物及事件的刻画来表达相应的主题。叙事天然地包含了时间、空间、人物和事件要素，也暗含了对象要素（与人物产生互动的非主要人或物）。因此，在游戏地图的叙事场景中，可互动的对象成为了游戏地图叙述事件和表达主题的重要组成部分，故将游戏地图的叙事要素分为时间、空间、人物、事件和对象。

如图 7-4 所示，游戏地图的叙事要素由时间、空间、人物、事件和对象五个要素构成，这五个要素可以只有人物和事件与主题直接关联，其他要素则通过塑造人物、描述事件间接反映主题。五个要素之间是相互关联的，不存在脱离时空背景的人物、事件和对象，没有人物、事件和对象，时间、空间本身也无法表达主题。

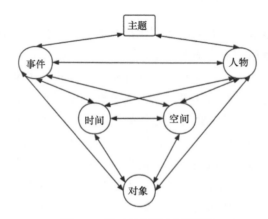

图 7-4　游戏地图的叙事模型

### 7.2.1　时间

叙事时间即叙述事件发生的时间点或时间段。在叙事学中，将故事发生的自然时间状态称为"故事时间"，将叙述的时间称为"叙事时间"。出于主题表达的需要，叙事时间和故事时间往往并不一致。游戏地图中所指时间是叙事时间。传统地图对于时间的把控多强调时间尺度，即时间单位，如"小时""天""年"等，且为了表达的空间要素的科学性，其时间间隔一般是固定的，可以多尺度，但极少变尺度。然而，游戏地图有其自身的时间系统，事件发生时间由游戏主题决定，事件间的时间间隔往往并不相同，甚至会用不同的时间单位衡量，天然地具有变时间尺度的特点。而对于变尺度时间的特点及叙事效果的讨论，应更多地参考叙事理论。热奈特在《叙事话语·新叙事话语》中总结出了叙事时间的三个特点：时序、时距和频率（Genette et al.，1980）。考虑到游戏地图对于叙事时间具有特殊性，本章节只讨论更通用的时序、时距两个特点。

#### 1. 时序

时序是叙事时间和自然发生时间的先后关系。根据叙事时间与自然发生时间的对比可分为顺叙、插叙、补叙和倒叙等，其中倒叙和插叙比较适合制造悬念及增加故事的表现力。倒叙的叙事方式一般通过在故事开头制造小高潮来抓住玩家注意力。以角色扮演游戏（role playing game，RPG）《最终幻想 10》为例，它使用的叙事方式就是典型的倒叙手法，游戏开场动画即正传结局，后面游戏流程才是回忆过程，整个过程给人营造了一种"此情可待成追忆？只是当时已惘然"的感觉，如图 7-5 是《最终幻想 10》开场动画中的场景。

图 7-5　《最终幻想 10》开场动画场景

插叙一般用于对主线进行补充说明，目的是深入刻画某一人物或事件。例如《使命召唤：现代战争（Call of Duty：Modern Warfare）》中"双狙往事"（图 7-6）关卡借用普莱斯上尉跟随麦克米兰上尉潜入到切尔诺贝利，将时间拉回到 15 年前来塑造这位智勇双全的战士，是经典的使用插叙进行叙事的游戏之一。

图 7-6 《使命召唤：现代战争》中"双狙往事"场景

## 2. 时距

时距又称叙述的步速，是叙事时间和自然发生时间的长度对比关系。热奈特认为叙事速度有四种：省略、概略、场景、停顿（Genette et al.，1980）。省略和概略中叙事时间小于故事时间；场景中叙事时间与故事时间相当；停顿则是一个极限情况，故事时间为零而叙事时间大于零。米克·巴尔则在此基础上加入了减缓这个概念，即叙事时间大于故事时间且故事时间不为零的情况（米克·巴尔，2003）。由于概略和省略在地图中的呈现效果区别不大，且场景的叙事速度并无特殊的叙事效果，故本节重点讨论时间省略、时间减缓和时间停顿。

为了避免故事自然发生时间的无限性与叙事时间的有限性之间的冲突，导致叙事地图的设计者往往需要必须省略与主题无关的事件，聚焦主题。这种设计方式称为时间省略，它有三种表现形式：加速时间、跳过时间和时间回溯。在游戏地图中，时间省略主要表现在不同的场景地图转换上，例如《泰坦陨落 2》中有引入"时间回溯"的表现手法，玩家可以使用手背上的"时间球"（Time Shift）进行时空穿梭，如图 7-7 所示。在这个过程中，叙事重点是玩家穿梭的两个场景，但从两个场景穿梭之间的时间则与当前主题无关。

图 7-7 《泰坦陨落 2》时间回溯装置

时间减缓和停顿在游戏中应用很频繁，常用于表现游戏细节，展现玩家的操作。游戏招式的慢放就是对时间减缓的典型应用，而画面静止时插入旁白描述玩家的操作则是对时间停顿的应用。目前的二维电子叙事地图鲜见对于时间减缓、时间停顿的应用。这是因为时间减缓和停顿本就是为了表现人物的心理时间和呈现事物的细节等，但二维地图场景的叙述视角只能为第三人称，沉浸感较差，对于人物心理时间的表现效果不好。三维地图则不存在以上限制，且三维地图对于事件、人物和对象的承载体量较大，细节呈现丰富，可构造众多叙事要素在细节上的差异，对时间减缓和时间停顿的表现效果较好。此外，在游戏地图的叙事场景中，时间的减缓和停顿除了可以展现人物的心理时间和心理活动外，还能以互动的形式让读者选择时间减缓或停顿时发生的事件，增加叙事的沉浸感。开放世界游戏《塞尔达传说：旷野之息》中的"林克时间"和"时间停止器"就是对时间减缓和时间停顿的典型应用。如图 7-8 所示，玩家可以在敌人准备攻击自己的瞬间触发"林克时间"技能，触发后时间的流逝变慢，人物和互动对象的攻击行为也随之变慢，玩家可以趁此间隙进行一些额外的行为，比如发动突击。"林克时间"由与对象要素的互动触发，而后通过增加场景中空间要素模糊度、降低人物和互动对象移动速率的方式，造成时间减缓的效果，同时允许玩家在此期间内与对象互动，进而展现人物的心理时间，并增加叙事表现力与叙事沉浸感。

　　"时间停止器"是一个可供人物选择的工具，使用时游戏场景中的其他事物保持静止，只有玩家控制人物和所配置对象的运动得以持续，从而给玩家"时间停止"的感受，增加了叙事表现力，是对时间停顿的典型应用。如图 7-9 是在《塞尔达传说：旷野之息》

图 7-8　《塞尔达传说：旷野之息》中的"林克时间"

图 7-9　《塞尔达传说：旷野之息》中的"时间停止器"

中使用"时间停止器"的场景。在使用"时间停止器"的过程中,玩家可以进行一些特殊的互动,比如连续敲击笨重的石块,待"时间停止"结束后,积蓄的力量会是正常情况下敲击的很多倍,玩家可以用这种方式推动普通力量无法撼动的石块。时间停顿不仅能带给玩家独特的时间体验,也在潜移默化中让玩家体会到整个游戏的世界观,既突出了主题,也营造了沉浸式的叙事氛围。

### 7.2.2 空间

空间即叙述事件发生的真实或虚构的地点。需要注意的是,地理要素及其空间关系是传统地图学表达的对象,但它在游戏地图中只是事件发生的场所,与时间、事件、人物、对象相关联,从而服务于叙事主题。传统地图关注的空间要素和空间关系的表达不再重要,空间连续性和空间行为也在游戏地图的叙事场景中显现出新的特性和功能,空间要素的功能和作用模式也因此发生了彻底的变化。如传统地图为了地理要素表达的科学性和准确性,在空间上呈现出连续的特点;而游戏地图则呈现出明显的不连续性,不同场景衔接时往往会出现空间上的跳跃,从而增加叙事的沉浸感;甚至为了一些特殊的叙事效果,同一场景中空间的连续性也被打破,造成割裂的空间体验。故下面将从游戏地图的空间要素表达、空间行为及空间要素的功能和作用模式三个方面来讨论空间要素对于游戏地图叙事的影响。

1. 空间要素的表达

如表 7-1 所示,传统地图对于空间要素属性的表达,大小、形状、颜色、亮度、风格都尽量保持准确,可根据空间要素的象征意义变形,或在地图综合时适当变形;动静则多用来表达时空演变过程。游戏地图的叙事对于空间要素属性的表达则可以不用维持准确性,可能根据主题需要发生变形,且属性之间多通过对比来突出一些特定叙事元素或者给玩家一定的引导作用。

表 7-1 传统地图与游戏地图对于空间要素表达的异同

| 属性 | 传统地图 | 游戏地图 |
| --- | --- | --- |
| 空间要素的作用 | 表达对象 | 仅作为事件发生的场所 |
| 空间要素属性:大小、形状、颜色、亮度、风格、动静 | 尽量保持准确,可根据空间要素的象征意义变形,地图综合时也可适当变形,其中动静多用来表达时空演变过程 | 需要时可以变形,属性之间多通过对比来突出一些特定叙事元素或者给玩家一定的引导作用 |
| 空间关系:位置、方位、拓扑关系、距离等 | 是重点表达对象,一般不允许变形 | 需要时可以变形,空间关系多用来引导读者注意特定的区域或通往正确的方向 |

空间关系,如位置、方位、拓扑关系、距离等,是传统地图的重点表达对象,一般不允许变形,但在游戏地图中允许变形,且空间关系多用来引导玩家通往特定的关卡或区域。对于空间要素属性和空间关系在游戏的叙事场景中的应用详见 7.4.2 节"3. 引导式场景"部分。

## 2. 空间行为

空间行为是在游戏叙事场景中发生的，以人物或对象为主体构成的动作性事件，它对于时间的理解有着重要影响。实际上，空间与时间是相互关联、不可分割的，时间在空间中呈现，空间也影响着玩家对于时间的体验。语言学家早就注意到我们描述和思考身体运动的方式与时间变化之间的相似之处（Lakoff and Johnson，1980；Turner，1996）。在空间如何影响时间的研究中，有两个相关概念——自我移动视角和时间移动视角（Gentner and Imai，1992；Mcglone and Harding，1998）。自我移动视角认为身体在时间中移动，如"我向未来前进"或"我将过去抛在身后"等陈述都是自我移动视角的实例。时间移动视角则认为时间正在接近身体，"春节快到了"或"我的生日已经过去"都是典型的时间移动视角。空间行为则是这两个视角之间的连接点，空间行为可以自我移动视角转化为时间移动视角，从而影响我们对于时间的理解。而 Boroditsky 的研究结果表明，在我们对时间的感知中，我们不需要某个特定空间中的身体存在来受到通过这个空间的（投射）运动的影响。一种心理投射就足够了（Boroditsky，2000）。游戏的叙事场景也可以利用空间行为影响玩家对时间的理解。图 7-8 中"林克时间"触发后，人物、对象的动作相较之前明显变慢，如怪物的俯冲和人物挥刀等。这些空间行为在速率上的对比使读者感受到时间的流逝变慢，从而实现了时间减缓。图 7-9 中的"时间停止器"也是通过空间行为在运动速率上的差异，让玩家对同一场景的不同部分产生了完全不同的时间体验——玩家控制的人物及携带对象的时间在流逝，而场景中其他事物的时间是静止的，因此最终呈现出时间停顿的效果。总的来说，游戏叙事场景中空间行为的对比和差异能够影响玩家对于时间流逝速度的感受，并构造一些特殊的时距特点，如时间减缓、时间停顿等，从而提升游戏场景的表现力，增加叙事沉浸感。

## 3. 空间要素的功能及作用模式

游戏地图中的叙事场景通过要素表达主题这与以空间要素为中心的传统地图有本质的不同。不同于人物和事件，空间要素本身并不能直接表达主题，但可以通过展现人物和事件来影响我们对时间的理解的方式间接表达主题。

如图 7-10 所示，空间作为游戏地图叙事的舞台，最基本的功能即是与时间一起共同承载着事件、人物和对象，从而构造功能丰富、风格各异的游戏场景。人物和事件正是在游戏场景中塑造、展现，游戏的叙事主题才得以表达。在这个过程中，空间要素可以利用空间属性和空间关系来突出特定的人物和事件（详见 7.4.2 节"3. 引导式场景"部分），也可以利用空间跳跃的方法中断空间连续性，从而聚焦、细化或对比与叙事主题相关的人物和事件，从而使得叙事更加生动直观，更好地表现主题。

由之前对空间连续性及空间行为的阐述可知，空间也能结合人物、事件和对象要素来影响我们对时间的理解，从而影响叙事结构和叙事体验，间接表达主题。空间联合人物、事件和对象，可以控制空间连续性体验，既可以构造连续的空间体验来保证同一场景内事件叙述的连贯性，也可以构造空间跳跃以支撑场景切换、时序设计，以及时间省略，空间的连续与跳跃对于时间结构来说都是必不可少的。空间联合人物、事件和对象，也可以构造空间行为上的对比和差异，从而实现一些特殊的时间体验，如时间减缓和时间停顿。

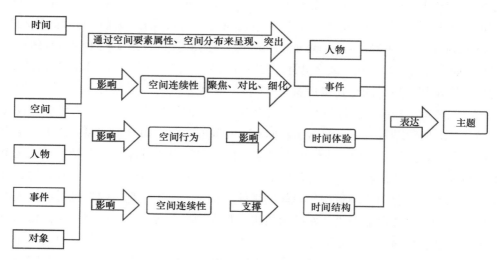

图 7-10　空间要素的作用模式

### 7.2.3　人物

故事首先是关于人的，故而人物是游戏地图叙事中涉及最关键元素之一。人物要素在游戏地图的叙事中是直接与主题相连的，一方面叙事主题的需要决定了游戏叙事场景中的主要人物；另一方面主要人物影响着事件的选取，事件又反过来塑造了人物，从而反映出叙事主题。人物要素对主题的表达和事件的影响主要通过人物个数、人物关系等特点来实现。此外，人物要素也与叙述视角和叙述人称紧密相关。

1. 人物与主题、事件的关系

在游戏场景叙事中，人物至关重要，是推动叙事节奏最关键的要素之一。游戏主题的复杂程度决定人物个数的多少，主题越复杂，人物个数越多，对应的事件也越复杂，叙事感就越强。例如，《魔兽世界》中游戏主题涉及多个种族、势力和职业，故玩家可以选择的角色个数就会相应增多，角色之间的关系和互动也使得事件不断变得复杂，包括政治斗争、阴谋诡计等。

2. 人物与叙述人称、叙述视角的关系

叙述人称以人物的视角来划分，常见的有第一人称视角和第三人称视角。第一人称视角是作为故事中的人物从内在角度讲故事的叙述方式，可使玩家代入人物，体会人物的情感和经历；第三人称视角则是以旁观者的口吻从外部讲故事的叙述方式，较第一人称视角更客观。叙述视角则根据叙述者与人物掌握信息的关系来划分，法国的兹韦坦·托多洛夫把叙述视角分为三种形态：全知视角、内视角和外视角。全知视角中，叙述者掌握的信息比任何人物都要多，一般以第三人称进行叙述，这种叙述视角特点是"全知全觉"，视野开阔，朴素明晰。这种叙述视角能给玩家提供大量信息，尤其是故事背景信息。内视角则是叙述者掌握的信息与人物一样多，叙述者并不能提供人物尚未知晓的信息，较全知视角更为可信、亲切，游戏地图中内视角多结合第一人称叙事，给读者带来身临其境的叙事沉浸感。外视角则与全知视角完全相反，因为叙述者不仅不能全知，反而比所有人物知道的都要少，叙述者仅仅描述人物的行为和语言。外视角下的叙述直观生动，却又充满悬念、耐人寻味，众多的空白和未知吸引读者去想象和探索。外视角可与第一人称或第三人称搭配叙述，常见于悬疑、惊悚题材。在叙事中这些人称和视角常常根据叙述事件和主题表达的需要组合或者嵌套使用。

小说和电影无疑可以运用第一人称和第三人称的视角叙述，但二维叙事地图则很难做到空间上的第一人称视角叙述。而 3D 技术则突破了二维地图场景的叙述视角限制，如图 7-11 所示，游戏《辐射 4》中就先用第三人称的全知视角叙述背景剧情，后转换为第一人称视角供已知悉基本故事背景的玩家进行探索，既交代了故事的来龙去脉，也能使玩家更容易地代入人物，体验沉浸式叙事。互动游戏叙事的第一人称视角中，玩家感觉到自己与所操控的人物是一体的，玩家可以自由移动镜头，就像每个人可以自由转动眼睛一样，也可以在一定程度内决定会发生的事情。如图 7-11 所示，"我"可以选择开启冰箱，也可以选择不开启，可以选择去客厅或者是卧室，这种沉浸感和自由度是小说和电影无法匹敌的。虽然电影中也常有第一人称镜头来展现人物的心理活动，但观众的所见所闻完全由电影叙述者控制，游戏叙事中，玩家仿佛就是这个人物，一定程度上可以控制所见所闻，决定叙事内容。故而在某种程度上，在游戏场景第一人称镜头的互动叙事中，叙述者、人物与玩家合为一体，这种叙事方式有着第一人称内视角的叙事体验，从而带来更强的叙事沉浸感。

(a) 第一人称视角　　　　　　　　　　(b) 第三人称视角

图 7-11 《辐射 4》中的游戏视角

解谜游戏《死魂曲》通过空间跳跃讲述了某村庄发生异变时不同人物经历的一系列恐怖故事。玩家通过扮演不同角色来了解异世界的法则、找出恐怖事件的源头，从而完成最后的关卡。进入每一个人物视角前，会用第三人称的叙述视角讲述该人物为何来到村庄，而后转向第一人称交由玩家控制该人物，探索地图。与《辐射 4》类似，玩家在控制人物时的互动叙事是第一人称的内视角叙事，此时我们会发现虽然玩家明确了异变的罪魁祸首，但剧情中很多人物和事件的来龙去脉都没有讲述，只是留下线索。这有两个方面的原因，一方面是由于篇幅限制，不可能所有人物都面面俱到；另一方面这也是一种巧妙的留白，这也正是外视角叙述的精髓所在，这种视角构建的世界与现实是如此相似，我们可以不断接近真相，却很难掌握所有真相，对未知的好奇吸引着玩家不断猜测、想象，回味无穷。

### 7.2.4 事件

事件即游戏叙事场景所描述的、在一定时空内发生的、有人物参与的故事情节。事件随着时空、人物的变化而变化，直接影响着叙事结构，游戏叙事地图中事件的选择至关重要。叙事地图的事件根据体量大小可以划分为不同尺度，大尺度的事件往往由多个小尺度事件组合而成，这就是事件组合。

1. 事件与主题和人物的关系

事件受人物的影响，由主题决定，也反过来表达了主题。根据游戏叙事主题的不同，事件可以从一到多，也可以由简单变复杂。游戏叙事需要讲述人物的一段故事，并确保这段故事贯穿整个游戏来展现游戏的主题。以游戏《造梦西游 3 大闹天庭篇》的叙事为例，如图 7-12（a）所示，每一个关卡本身即是一个小的事件，可表达关卡本身的主题。如图 7-12（b）所示，所有关卡形成统一的风格，共同为"大闹天庭"的主题服务，而用户操纵的不同游戏人物就活跃在不同的游戏地图中来书写自己的西游故事。

（a）南天门关卡图　　　　　　　　　　　　（b）关卡选择图

图 7-12 《造梦西游 3 大闹天庭篇》场景图

以《古墓丽影：崛起》为例，它由多个地图关卡构成。如图 7-13 所示，每一个地图关卡都是女主角劳拉冒险故事的组成部分，各部分的地图主要为自己要叙述的事件负责，塑造契合叙事背景的场景。每一个地图关卡由多个事件构成，这些事件组合起来可以表达所在地图关卡的主题。所有地图关卡的事件综合起来串联出"寻找永生秘密"的主题。

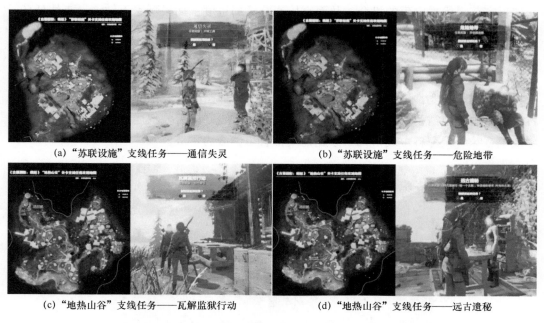

(a)"苏联设施"支线任务——通信失灵　　　　(b)"苏联设施"支线任务——危险地带

(c)"地热山谷"支线任务——瓦解监狱行动　　　(d)"地热山谷"支线任务——远古遗秘

图 7-13　《古墓丽影：崛起》游戏场景图

《造梦西游》系列游戏共同叙述了师徒四人西游探险的事件，《古墓丽影》系列游戏共同叙述了劳拉古墓探险的事件。这二者都归属于动作类探险游戏的范畴，从这个角度出发，这两个系列的游戏场景将共同为"探险"这个主题服务。

## 2. 事件分支

受事件复杂程度的影响，游戏叙事剧情可以分为单线式叙事游戏、支线式叙事游戏和无主线式叙事游戏。单线式叙事游戏一般只有一个事件贯穿整个游戏主题，以《战神》三部曲为例，它们都是纯粹的动作游戏，对于主角来说，为了生存而战斗是他唯一的目的。因此在《战神》中，叙事剧情更像是为角色寻找战斗理由的工具，而战斗本身才是玩家的体验目的。对于这类单线式叙事游戏，玩家的体验自然会缺乏丰富度和自由度，但也是可控的，就像看电影一样，玩家来到什么阶段就会体验到怎样的情绪波动，可以做到分毫无差地让玩家体验到设计师的情绪曲线（徐炜泓，2018）。

对于支线式叙事游戏来说，一个事件可能由多个事件组成，有些事件是游戏叙事主线故事的组成部分，删去会使主线故事不再完整，这些就是主要事件；有些事件则是对主线故事的补充，删去也不会影响主线剧情的走向和游戏叙事主题的表达。支线式叙事游戏除了为玩家提供主剧情的游戏体验，还能提供主剧情之外的游戏体验，玩家的体验更具丰富度和自由度。支线式叙事游戏以《仙剑奇侠传》之类的游戏为代表。如图 7-14是《仙剑奇侠传 3》中最重要的支线任务"水灵兽"的场景地图，可以看到图中水灵兽出现之后，会赠送玩家永久属性：速度和运气，这对于玩家来说极其重要，速度的增加会使玩家获得优先出手的机会，从而直接影响战局进度；如果玩家不做这一支线任务，体验感就会大打折扣。

　　自由度较高的游戏叙事则因为事件发展的可选择性太高而呈现出一种无主线的现象。以游戏《模拟人生 3》为例（图 7-15），游戏叙事的主线为玩家的"人生轨迹"，玩家可作出的选择非常丰富，游戏地图需要营造出一种充满可能性的高包容度环境，对于各类场景的呈现需要保证公平，确保没有明确的主线剧情需要叙述。换种方式来讲，无主线也意味着无穷多主线，每一条剧情线都有可能成为主线。

图 7-14　《仙剑奇侠传 3》中"水灵兽"支线场景地图

图 7-15　《模拟人生 3》城镇对比图

## 3. 事件的可选择性

　　事件的可选择性也是一种叙事方式，选择的灵活性与叙事性并不矛盾。RPG 游戏是互动叙事的典型应用，这类游戏叙事性的关键在于每个选择会对后面发生的事件产生或大或小的影响，甚至走向不同的结局。这种特性被 V. Elizabeth Owen 称作"叙事适应性"。如图 7-16 所示，玩家前期做的选择可能不会改变故事的主要走向（图中的 minor 分支选择），但是可能会对后期与其他人物和对象的互动产生影响（虚线），这些选择可以极大地影响玩家在未来故事点中对游戏设置和角色的体验；也可能改变故事的主要走向（major 选择），通往不同的结局。在具有叙事适应性的事件选择机制中，如果将玩家从开始通往结局的每一种可能性都看作是一条叙事路径，那么事件的可选择性只是联结多条叙事路径、组织多个分支事件的一种更灵活的方式，与叙事性并不矛盾。

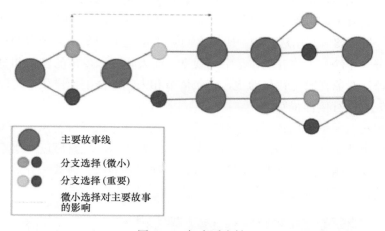

图 7-16　叙事适应性

　　RPG 游戏《隐形守护者（The Invisible Guardian）》就是叙事适应性的典型案例。玩家在游戏中扮演抗日战争时期伪装成汉奸的地下党肖途，通过选择进入不同结局，或艰难且幸运地完成潜伏工作，或暴露身份壮烈牺牲，或情势所迫投奔其他党派，或放弃祖国成为真正的汉奸。选择或者是考验肖途冷静理智的分析能力，或是叩问其对于革命的信仰，只有极其冷静坚定地选择才有可能幸运地完成潜伏工作，而一点点差错都可能导向牺牲、叛变、叛国的结局。玩家在一次次艰难的选择中增强对主角的代入感，体会到了抗日战争时期地下党潜伏的艰辛、危险与残酷。不同支线也从不同角度对整个故事背景作了补充，也让人物塑造有了更多的可能性。肖途如果轻信了国民党安插在共产党内部的间谍，就会被迫投靠国民党，在重庆国民党的贪污腐败中堕落；如果在无法证明地下党身份后心如死灰，可能被诱惑去日本生活，抛弃祖国浑噩一生。这些可能性描绘出人物性格的多个侧面，人性总是复杂、多面的，如果说主线中肖途是勇敢坚定的，那么支线中堕落、彷徨的情境就激发出了肖途幽暗、恐惧的性格侧面，从而使得人物塑造更加丰满立体。同时，这些支线让玩家了解抗日战争时期国内各种势力的状况，从而更明白地下党的信仰为何能救中国，于是突出了主题。可见具有叙事适应性的事件选择机制不仅塑造更立体、丰满的人物，也能从不同角度体现整个故事的世界观，增强叙事表现力，营造沉浸式的叙事氛围。

### 7.2.5　对象

对象即与人物产生互动的非主要人物或者事物，在表达游戏叙事主题方面起辅助作用。对象与人物的区别在于：对象具有可替代性，而人物不是；人物的塑造可以直接表现游戏叙事主题，对象只能通过服务人物和情节来表现游戏叙事主题。比如男女主人公在离别前留下信物，信物作为对象，象征着人物之间的情感，但其本身是可以替代的，信物可以是一条围巾，也可以是一块玉；主题是可以是人物之间的情感，但不会是对象本身。在互动叙事中，对象也极易与空间要素产生混淆，而两者的主要区别是能否与人物产生互动。图 7-8《塞尔达传说：旷野之息》中草地上的草和背景中的石块作为空间背景的一部分，无法与人物互动，是空间要素；而人物可以攻击的怪物和身上配备的武器则属于对象。对象视时空背景而定，随着情节和人物的需要而产生，可以推动情节的发展或者对人物进行侧面描写。

游戏叙事对对象的使用较灵活，对象具有可供给、可选择的特点，玩家可以对对象进行操作。一个典型的例子是解谜游戏，如图 7-17 所示，玩家可以收集不同的工具来开启机关，寻找真相，同一个机关可能会有很多种工具的组合方式来开启，而一封角落里不起眼的信，也可能成为推动剧情发展的关键。

图 7-17　游戏《未上锁的房间（The Room）》中的对象

## 7.3　游戏地图的叙事结构

叙事结构是事件的组织方式，从内部支撑着游戏叙事地图的组织结构。不同的叙事领域对其探讨的侧重点各不相同。经典叙事学根据"故事"与"话语"进行区分。这是由法国结构主义叙事学家托多洛夫提出的概念，用来区分叙事作品的素材和表达形式（张山竞，2010）。简单来说，"故事"是按照时间先后顺序组织，由因果关系串联的事件原本的面貌，即"讲什么"；而"话语"则是叙述者采用各种技巧对"故事"加工的方式，即"怎么讲"。由故事的定义可以看出，故事是以时间为线索梳理的，此种结构以叙事时间为中心，而忽略了叙事空间的影响，且没有考虑到新型叙事媒介对于叙事结构的影响。电影对于叙事结构的探讨虽然脱离了对于叙事时间的依赖，将电影叙事划分为遵循时间向度来组织安排的线性叙事结构和不符合该特点的非线性叙事结构和反线性叙事结构，却很大程度上受到影像媒介本身的限制（王伟楠，2021）。而游戏叙事在新叙事媒介的加持下结构灵活多样，虽很有借鉴价值，但并没有一个成熟的、公认的理论做支撑。游戏叙事结构分类的方式多种多样，本章将跳出传统叙事理论框架对于叙事时间的依赖，分别从游戏地图的五个叙事要素本身的特点及游戏叙事场景在新叙事媒介下的组织方式两个方面对游戏地图的叙事结构进行分类。

### 7.3.1  事件组合分类

在游戏地图的场景叙事中，如果我们剔除掉分支事件，只留下主要事件，会发现主要事件都是以叙事要素串联在一起的。例如即使战略游戏《帝国时代 2：国王时代（Age of Empire 2：The Age of Kings）》将游戏背景设置在中世纪，玩家一般需要经历四个不同的"时代"：黑暗时代、封建时代、城堡时代和帝王时代。从时间要素考虑，这四个时代故事是以时间为线索串联在一起组合成整个游戏的主要事件。从空间要素考虑，玩家在每个时代生产新的单位、建造新的建筑，以及研究新的科技等又以空间为线索串联在一起组合成每个时代的主要事件。在整个国王时代的故事线上，事件由上而下可分为两个层级，四个时代故事层级以时间为依据组合在一起，每个时代的故事层级以空间为依据组合在一起，像这样同一层级的事件以游戏叙事要素为依据组合成更大尺度的事件，就称之为事件组合。一个故事可能不只有一个层级，不同层级之间的事件组合方式也未必相同，我们根据一个故事最上层事件的组织方式，可以将其划分为空间主线结构、时间主线结构和人物主线结构。

1. 时间主线

以时间为主线的游戏叙事结构类似于电影叙事中的"线性结构"，指叙事本身像一条线那样，前后紧密相接，顺时而不间断（王伟楠，2021）。以时间为主线的叙事结构可以让玩家清晰地了解游戏的进程和故事发展的情况。玩家可以通过完成一系列任务和事件，逐步地了解游戏世界中的人物、背景和事件，同时也可以感受到游戏中不同时间段的氛围和变化。例如前面提到的《帝国时代 2：国王时代》，玩家需要经历四个不同的"时代"：黑暗时代、封建时代、城堡时代和帝王时代，这四个时代在历史上的时间跨度约为 1000 年，玩家每升级到一个新的时代，他就可以生产新的单位、建造新的建筑，以及研究新的科技。以时间为主线的游戏叙事结构并不意味着游戏叙事方式一定是顺序、插叙、倒叙和补序等叙事方式也经常用来辅助叙事，并不会影响时间主线。总的来说，以时间为主线的游戏叙事结构的特点是故事完整、情节连贯、结构简单明了、玩家适应度高，适用于线性叙事的游戏。

## 2. 空间主线

以空间为主线的叙事游戏也非常多，例如《帝国时代 3：亚洲王朝（Age of Empires Ⅲ：The Asian Dynastles）》中讲述了三个亚洲文明：中华文明、日本文明和印度文明，是典型的以空间为主线的叙事游戏。不同的文明对应不同的故事，不同的文明故事之间由空间要素串联起来。在以空间为主线的游戏中，通过淡化时间，强调不同人物和事件的碰撞，也可以增加叙述视角或堆积悬念，从而吸引玩家自己去拼凑完整的故事线。比如游戏《侠客风云传》中的杭州城地图叙事，玩家在探索地图时，会在不同地点陆续遇到不同角色，触发不同剧情，收集不同对象［图 7-18（a）］。一开始在城门处获得友人提示［图 7-18（b）］，需要主角依次到镖局、杂货店、衙门找到不同人物，触发剧情，搜集线索，这些地点散落在地图各处，玩家在奔波的路上也可能触发其他剧情。而且同一个地点，比如市井，就有鱼贩、菜贩、伞贩、包子贩等众多人物，玩家可以在太白楼获取字谜，破解后为鱼贩和伞贩送酒，还可以购买包子再回到城门口触发与和尚的对话。这种空间主线的游戏叙事中，每一个场景的人物、事件和对象都关联着多个故事线，场景中散落着不同情节的碎片，玩家在空间穿梭的过程中随机地接受着这些碎片，这反而能吸引玩家不断地探索地图，去拼凑出一个个完整的情节。这种风格与电影叙事中的"非线性结构"类似，尽管叙事的手法改变了，但叙事的本性并没有变，相反因为其悬念的堆积，偶然性的碰撞，叙述视角的增多，其叙事元素反而得到强化。

(a) 杭州城地图全景　　　　　　　　　(b) 城门提示破案剧情

图 7-18　游戏《侠客风云传》杭州叙事地图

## 3. 人物主线

人物主线即为事件之间以人物为依据组合的叙事结构，与空间主线类似，人物主线也可以看作是多个时间主线故事重新组织的结果，只不过是以人物为线索串联起来。人物主线结构中采用不同人物视角叙述事件，既可以埋下悬念，也可以从不同侧面展现故事的世界观。当不同人物的故事线通过空间产生交集，之前埋下的线索浮出水面，玩家为每个人物的命运屏住呼吸，叙事表现力大幅增加。

《底特律：化身为人》就是人物主线叙事的地图探索游戏，故事发生在 2038 年的美国底特律，拥有人类外貌的智能仿生人被发明出来，将人类从枯燥的体力劳动中解放出来，但随着仿生人开始拥有了人类的情感，人类与仿生人之间的矛盾也一触即发。游戏在三个人物之间来回切换，讲述了三个人物在对待人类立场上截然不同的仿生人的故事：服务于人类社会的辅警仿生人康纳、企图建立组织对抗人类的马库斯和试图摘下仿生人标签生存下去的卡拉。三条人物线从不同视角展示了人类与仿生人冲突的起因、经过和结果，同时也描述了不同立场的仿生人在此过程中的心理变化，以小见大，从不同的侧面切入共同构建了游戏的世界观。剧情中卡拉在走投无路时也可能向反人类组织的头领马库斯寻求帮助，而康纳作为辅警也嵌入了马库斯的大本营与其对峙。当人物的故事线随着冲突汇集在同一地点，人物的命运交织在一起，之前埋下的悬念相互碰撞，故事就变得极具张力。

### 7.3.2　事件分支分类

如果说主要事件在宏观上把握着主题，形成了叙事的骨干，那么分支事件就是叙事中的插曲或不确定因素，从侧面对主要事件、人物和对象进行补充说明，填充了叙事骨干外的血肉。分支事件的组织结构则决定了血肉填充的方式，从而构建了叙事结构的外形。根据分支事件的组织结构可将叙事结构分为线性结构、树形结构和聚合结构。

#### 1. 线性结构

线性叙事结构是指游戏故事情节的发展是按照固定的顺序进行的，游戏场景需要按照一定的顺序呈现，并且玩家必须按照设计师的设定在特定的时间和地点触发关键事件才能推动故事进展。这种线性叙事结构是小说和电影的叙事方法，但在有明确目标和有一定的剧情发展路线的游戏中也经常出现。例如，在一些动作游戏（如《合金装备（Metal Gear Solid）》系列、《生化危机（Resident Evil）》系列）、RPG 游戏（如《最终幻想》系列、《龙与地下城（Dungeons & Dragons）》系列）、射击游戏（如《使命召唤》系列、《光环（Halo）》系列等），以及冒险游戏（如《古墓丽影》系列、《黑镜（Black Mirror）》系列）经常使用这种线性叙事结构。在线性叙事结构中，玩家除了必须完成主线任务之外，还经常需要完成一些支线任务，来协助完成主线任务，如图 7-19 所示。同时，支线任务的设计可以使游戏场景更加有趣、丰富和具有挑战性。《辐射 3》中的"堕落天堂"（The Pitt）是一个比较典型的支线任务，玩家需要前往堕落天堂寻找稀有资源，并与当地的居民（奴隶主和铁匠）一起参加一些挑战和活动（如角斗比赛和马拉松赛），才能推进游戏的故事情节和进展。随着这个支线任务的完成，不仅玩家可以获得丰富的游戏经验和道德值奖励，而且游戏场景和故事情节也会更加丰富。如图 7-20 是玩家想要进入堕落天堂中的场景地图以及在堕落天堂中交谈的场景这种线性游戏叙事结构简单流畅，但缺少灵活性，玩家的探索和选择空间相对较小，且对于叙事节奏有着较高的要求，需要精准控制分支事件插入的时机和篇幅才会丰富玩家的游戏内容和探索空间，不会感到突兀。

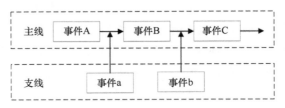

图 7-19　线性叙事结构

图 7-20　《辐射 3》中"堕落天堂"场景地图

## 2. 树形结构

　　从游戏地图的角度来看，树形游戏叙事结构指游戏场景的叙事结构通常会以主线为树根，支线在不影响主线之间联结的情况下像树枝一样进行延伸，其表现形式如图 7-21 所示。在树形结构中，事件的可选择性被赋予了更大的重要性，玩家可以根据兴趣自由选择分支事件、决定分支事件的先后。比起线性叙事结构的直接插入，游戏地图的树形叙事结构更加注重玩家的互动性和自由度，能够给予玩家更多的选择和自由。这种树形游戏叙事结构广泛应用于开放世界 RPG 游戏、冒险游戏，以及多结局游戏中，例如《最终幻想 10》虽然主要使用线性叙事结构进行游戏场景的刻画，但在游戏的后半段出现了树形叙事场景，最典型的是"福音之歌"任务，任务中会获得不同的情报和线索，这会直接影响到游戏的结局；但在完成"福音之歌"任务之后，玩家还可以选择继续进行其他支线任务，如玩家如果选择与主角提达的父亲杰克（Jecht）对抗，也将直接影响游戏的结局。这种树形叙事结构的设计使得游戏地图的叙事性和事件的可选择性变得更加丰富和自由，玩家也可以选择不同的路径和事件来探索游戏场景，并体验不同的故事和结局。

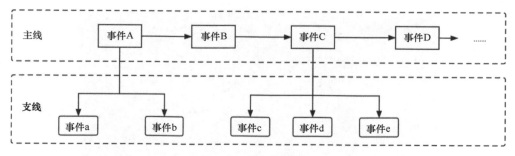

图 7-21　树形叙事结构

## 3. 聚合结构

与树形结构类似，聚合结构中分支事件也是可选的，但不同的是，树形结构中分支事件相对独立，聚合结构中多个分支事件紧接在主要事件之后，然后聚合到一起衔接到下一个主要事件。如图 7-22 所示，玩家到达事件 A 后，可以经由 a、b、c 任意一个分支事件到达事件 B。聚合结构既保留了线性叙事游戏中连贯的特性，又不失树形结构的灵活性。聚合叙事结构在游戏叙事中极其常见，例如在游戏《塞尔达传说：旷野之息》中，主线剧情如图 7-23 所示，但如果作为玩家的主角想要探索海利亚山西北部的神庙并不是那么容易。玩家首先需要考虑如何翻越海利亚山来克服地形阻隔；其次，海利亚山是座雪山，还需考虑如何寻找可以抵御寒冷的工具，在这个支线任务中，游戏会给出几个寻找工具的途径：收集抗寒食物、制作"火辣海陆煎烤"料理后与海拉鲁老人交换得到防寒服、直接在商店买防寒服。这些支线剧情完成任何一个即可通过寒冷的雪山，继续主线剧情，这就是对聚合结构的应用。玩家在此过程中可以自由选择继续主要剧情的途径，且不会有任何叙事不连贯的感觉，这与开放性世界游戏的特点是分不开的。开放性世界游戏叙事充分利用了空间主线的优点，将人物、可供给和选配的对象、人物散落在不同的地图场景中，利用空间要素本身的特点及高度关联的时间、空间、人物、事件、对象要素自然地引导玩家发现谜题、拼凑线索，使得聚合结构中主线与支线的过渡自然连贯、引人入胜。

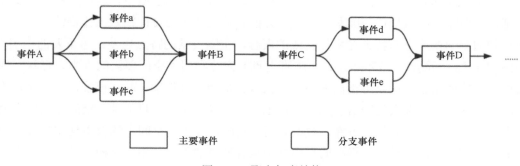

图 7-22　聚合叙事结构

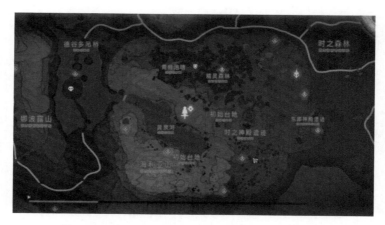

图 7-23　游戏《塞尔达传说：旷野之息》中的地图

### 4. 组合应用

为了使玩家获得更加丰富的叙事体验，游戏地图的叙事结构在实际设计过程中往往是多种叙事结构的组合使用。在一些游戏中，往往需要利用线性叙事结构来推进主线故事的发展，但有时也需要使用树形叙事结构来增加支线任务。以 RPG 游戏《最终幻想10》为例，游戏主要采用线性叙事结构进行环境和空间设计，但在游戏的后半段，又出现了一些具有树形结构的支线任务和事件，目的是通过为玩家提供更多的游戏选择来增加叙事场景的沉浸感，同时玩家也能获得更丰富的叙事体验。除了将线性叙事结构和树形叙事结构进行组合使用，一些 RPG 类型游戏也经常利用树形结构开启不同结局，同时利用聚合结构来避免游戏叙事框架过于零散。"开放世界"类型游戏叙事结构也融合了树形结构和聚合结构，但比起 RPG 类游戏设定好的叙事结构，这类游戏的叙事结构充满了灵活性和不确定性。以《塞尔达传说：旷野之息》为例，玩家实际上可以在地图中漫游，可以根据地图场景中的叙事要素随时随地添加支线，这些支线不一定会影响结局，比如搜集一些食材等到夜晚去烹饪料理，或随性去消灭怪物获得武器；但也可能改变结局，比如玩家在做任务的过程中摔落山崖死亡或者冻死在雪山上。

高度关联的时间、空间、人物、事件和对象遍布在游戏地图中，这是随意开启支线的基础。而除了不慎死亡，玩家最终还是会依照游戏精巧的设计踏入主线剧情，除了之前提到的空间要素分布特征在引导支线的聚合，空间要素的特点也发挥了重要的作用。如图 7-1（a）所示，《塞尔达传说：旷野之息》充分利用了空间要素的大小、形状、明暗引导支线的聚合，玩家可根据大小、形状对建筑物进行识别，而在夜晚，有些建筑物亮度会发光，再结合人物的语音或文字提示，可引导玩家前往目的地。空间要素本身的特性，及其与时间、人物、事件、对象的高度关联，支撑着空间主线叙事地图中分支事件的开启与聚合，给予玩家极高的自由度和极其连贯的叙事体验。这种开放性世界游戏多为空间主线，地图场景中各叙事要素高度关联，且极具引导性，玩家可以随时随地开启分支事件，这使得树状结构和聚合结构的组合灵活多变，从而创造了一个场景丰富、自由度极高、叙事沉浸感极强的游戏世界。

# 7.4　游戏地图的叙事场景

如果说叙事结构是从内在支撑游戏地图的组织结构，那么叙事场景则从外在对五个叙事地图的要素进行呈现。游戏地图的叙事场景不仅仅是时间、空间、人物、事件和对象的承载体，同时也是这几个要素呈现的最小单元，是要素特点应用、要素之间相互关联的重要方式。地理学中地理场景是一定地域、不同时空范围内各种自然要素、人文要素相互联系、相互作用所构成的具有特定结构和功能的地域综合体（闾国年等，2018）。而在游戏叙事学中，一个场景即是一个微缩的故事——在一个统一或连续的时空中通过冲突表现出来的、改变人物生活中负载着价值的情境的一个动作（许慎，2001）。综合游戏场景地图的表现形式及功能特性，可将游戏地图的叙事场景定义为在统一或连续的时空内发生的、叙事要素相互联系和作用所构成的地域综合体。小尺度事件在场景中发生，而一系列的场景又组合成为更大尺度的事件。同时游戏叙事场景也受时间和空间限制，同一场景中时空必定是统一或连续的，如果出现了空间跳跃，必然导致场景的切换。本章节主要从场景作为地域综合体的呈现形式和场景在叙事中承担的功能两方面出发，对叙事场景进行分析和分类。

## 7.4.1　场景呈现——二维与三维

根据游戏地图的场景呈现形式，可将叙事场景分为二维地图场景与三维地图场景。相比二维地图场景，三维地图场景最显著的特征就是叙事要素数量众多、种类更加丰富、叙事要素细节呈现也更加细致和逼真。此外，由于技术的限制，二维地图场景叙述视角只能为第三人称，而三维地图场景则可以在第一人称和第三人称间灵活切换，结合丰富逼真的场景呈现，更具有叙事沉浸感。

表 7-2 展示了二维地图场景和三维地图场景对于叙事要素特点的应用情况。二维地图场景难以应用时间减缓和时间停顿的时间操控机制，这是因为：二维地图场景叙述视角只能为第三人称，展现心理时间的效果不如第一人称。此外，二维地图场景中叙事要素的体量和细节也难以实现空间、人物和对象要素的细致对比，从而大大削弱了二维地图场景对于时间减缓、时间停顿的表现力。相比二维地图场景，三维地图场景不仅可以使用第一人称叙事，而且可以灵活应用时间减缓、时间停顿的时间操控机制。在对于空间行为的应用上，二维地图场景的叙事要素的体量和细节也同样限制了空间行为的展示和对比，故而难以通过空间行为来影响时间体验。但二维地图场景可以应用时序、时间省略、空间跳跃和空间割裂等特点，其中空间割裂主要以聚焦、变形手法实现。此外，VR 技术的出现，也使得三维地图场景能够使用虚拟的手法去实现空间割裂。

表 7-2　二维地图场景和三维地图场景对于叙事要素特点的应用

| 叙事地图要素特点 | 二维地图场景 | 三维地图场景 |
| --- | --- | --- |
| 时序 | 可应用 | 可应用 |
| 时间省略 | 可应用 | 可应用 |
| 时间减缓 | 不可应用 | 可应用 |
| 时间停顿 | 不可应用 | 可应用 |
| 空间跳跃 | 可应用 | 可应用 |
| 空间割裂 | 主要用聚焦、变形手法实现 | 可用聚焦、变形和虚拟手法实现 |
| 空间行为影响时间体验 | 不可应用 | 可应用 |
| 叙述视角 | 第三人称 | 第三人称和第一人称 |
| 事件可选择性 | 可应用 | 可应用 |
| 对象可供给、可选配 | 可应用 | 可应用 |

　　在事件、对象特点的应用上，只要具有互动技术，二、三维地图场景中事件的可选择性和对象可供给、可选配的特点都能实现。总的来说，三维地图场景可以更多、更灵活地运用叙事要素的特点。

　　此外，三维地图中丰富逼真的场景也给叙事地图要素的关联应用提供了条件，结合视觉、听觉、虚拟等呈现方式，三维地图场景的叙事沉浸感也大大增强。如图 7-24 是游戏《塞尔达传说：旷野之息》中的雪山大场景，风景会根据时间和空间连续地发生变

（a）早晨晴朗场景

（b）晚上下雪场景

（c）深入雪原场景

（d）冰块融化事件

图 7-24　《塞尔达传说：旷野之息》雪山场景

化，如靠近沙漠的雪山早上阳光明媚少下雪，晚上气温低多下雪；越深入雪原雪越大，能见度也越来越低。除了界面右下角的温度计提示，呼呼的风声也体现着寒冷，人物在雪山行走会呼气，脸红，甚至发抖，这也限制着玩家在雪山的穿着——防寒服。时空要素构成了独特的地物风貌，加上人物和对象可以形成多种多样的事件，比如怪物会用火融化冰块拯救同伴，这也提示了玩家升温可以融化冰块。

### 7.4.2　场景功能

　　游戏地图中，叙事场景既可以与某个人物相连，介绍人物身份和特点，进而塑造人物形象，也可以展示或暗示已发生，或者正在发生的事件，甚至引导玩家行进的方向。场景以时空为背景，通过塑造人物、刻画事件的方式，辅以场景引导的手段，结合视觉、听觉等表现形式来表达主题。根据上述功能可以将叙事场景分为人物塑造场景、事件刻画场景和引导场景。需要注意的是，由于场景功能之间互不冲突，因此一个场景可以同时具有人物塑造、事件刻画和引导的功能。

#### 1. 人物塑造场景

　　当叙事场景通过时空与人物相关联，比如是某个人物的居住地、工作地，那么场景中的布置往往能极大地体现人物的性格特点，将具有这种功能的场景称为人物塑造场景。一个典型的例子是冒险游戏《疯狂大楼（Maniac Mansion）》，该游戏中每个人物的房间都经过了独特的设计。如图 7-25 是游戏中弗雷德博士的房间，只有一些必备的生活用品（如床和书桌等），书桌上也是一些通信设备，风格简洁实用。结合紫色的壁纸和蓝色的床单，营造出一种神秘、冷郁的氛围，该场景布置塑造出了一个疯狂、阴郁的科学家人物。博士的妻子埃德娜的房间则完全不同（图 7-26），破碎的镜子暗示着她相貌不佳，但从整个房间的红色色调、铺满爱心的壁纸、心形枕头，以及墙上挂着的丈夫画像，可以看出她仍然很少女，并且很爱自己的丈夫。

图 7-25　弗雷德的房间

图 7-26　妻子埃德娜的房间

## 2. 事件刻画场景

　　事件刻画场景主要通过直接展示或间接暗示的方式来实现事件的刻画。场景可以对事件进行直接的展示，如《塞尔达传说：旷野之息》中，"林克时间"利用时间减缓，从人物心理时间的视角生动地展现了玩家击打怪物的瞬时动作。除此之外，"林克时间"的场景设计也相当精彩，该技能会在玩家瞄准怪物试图攻击的瞬间触发，然后通过降低主角和怪物的移动速率来达到时间减缓的效果，同时增加场景中草地、石块的模糊度来模拟攻击瞬间的晕眩感，玩家只需要在该技能触发后结合文字提示并抓住时机对怪物进行突袭，可以说这个场景生动形象地叙述了"趁敌不备发动突袭"的事件。在"林克时间"内突袭时，人物的喊叫声还会出现回音，这也是对攻击瞬间晕眩感的表现。

　　"时间停止器"则是利用时间停顿，描述了"时间停止"的瞬间发生的事件。"时间停止器"场景除了构造空间行为上的差异，也充分运用了视觉、听觉来呈现。例如，时间停止后，通过可操作对象（如石头的颜色、亮度的改变）来提示玩家击打石头，同时石头周围会生出很多锁链，视觉上将玩家的注意力吸引到击打石块这件事情上；随着时间推移，逐渐急促的敲击声又可以用来提示玩家静止状态的剩余时间，从听觉上营造出一种紧张的氛围。这些对事件的直接展示，联合了游戏场景中的各种叙事要素，对事件进行突出和对比，并结合多种表现形式（如文字、声音等）来营造氛围和刻画事件，极大地增强了游戏场景的叙事表现力。

　　除直接刻画事件外，游戏地图的叙事场景也可以通过展示与事件有关的线索来暗示玩家空间中已经发生或正在发生的事件，这些线索通常是事件的结果，指向已经发生或正在发生的事情。这种场景叙事方式被游戏叙事领域的研究者总结为"索引式故事叙述"，通过在空间中留下事件相关的索引来鼓励玩家解释和重构空间中发生的事件（Fernandez-Vara，2011）。如图 7-27 为游戏《生化奇兵（Bioshock）》中极乐城的废墟场景，倒下的新年灯牌、散落的派对装饰、悬挂在大厅中央的化装舞会海报、沾着鲜血的假面等都表明了 1959 年跨年夜的化装舞会上发生了流血冲突，冲突后极乐城从此失去秩序，舞会场地也荒废至今。

　　游戏《毁灭战士 3（Doom 3）》也用到了索引式叙事方式，如图 7-28 所示，地板上的血迹和尸体表明附近有怪物并且残忍地杀害了人类，营造出紧张、危险的气氛。相对

(a) 跨年夜灯牌

(b) 化装舞会海报

图 7-27　游戏《生化奇兵》中的废墟场景

图 7-28　《毁灭战士 3》中的游戏场景

于直接叙事，索引式叙事一方面节省了叙事篇幅，另一方面鼓励玩家自己探索、解读场景中的线索，极大地增强了玩家的参与感和沉浸感，同时也给玩家留出了足够的想象空间，颇有留白的美感。

3. 引导式场景

除了对于人物的塑造和事件的刻画外，叙事场景还需要设计细节来使玩家注意到其重点突出的叙事要素或故意设计的叙事线索，从而更好地刻画事件、塑造人物或支撑场景上层的叙事结构，我们将这种功能称为"场景引导"，而具有场景引导功能的场景即为引导式场景。引导式场景主要是通过空间要素引导或者其他叙事要素引导来实现场景引导。

**1）空间要素引导**

空间要素在大小、形状、颜色、亮度、动静、风格上的对比可以使得目标区域更加醒目，从而突出一些叙事元素或者给读者一定的引导作用。例如，沙盒游戏《我的世界》中使用不同大小、形状和颜色的方块来让玩家更容易地区分它们、发现游戏中的物品和资源等。《最后生还者（The Last of Us）》也比较善于利用这种空间要素的对比来吸引玩家的注意力，如游戏中的废墟城市场景通常采用了高度对比的颜色和亮度：灰色破旧的建筑物和墙壁、鲜红色的鲜血和火焰、黑暗的阴影，以及明亮的光线等，这种对比更容易让玩家注意到隐藏在阴影中的敌人，并增加了游戏的紧张感和叙事的沉浸感。

游戏地图中，除了空间要素本身可以实现场景引导，空间要素的分布也能引导玩家注意特定的区域或通往正确的方向。《侠盗猎车手：罪恶都市》充分利用了空间要素的分布特性，将叙事元素设置在玩家会反复经过的空间。如图 7-29 所示，中间用箭头标

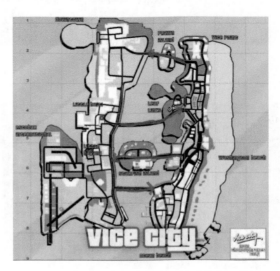

图 7-29　游戏《侠盗猎车手：罪恶都市》地图

明的桥梁是连接左右两侧陆地和中间岛屿的通道,玩家在陆地和岛屿间穿梭时会反复经过这些区域,游戏正是把大量的叙事线索安排在这些通道中,从而引起玩家对于环境中叙事线索的注意。图 7-30 所示的是《塞尔达传说:旷野之息》的初始场景,玩家处于地势较高的地方,一眼就能看见用大圆圈标注的建筑物,而山地中陡峭的地形限制了可以行走的区域,于是从高处往下看,箭头所示的路径自然而然在玩家脑海中浮现出来。沿着箭头方向行走,玩家会到达图中小圆圈标注的地方,这是玩家的必经之地。此处会有一个围着篝火取暖的老人,玩家可以与他交流从而获取这个世界的故事背景。于是不需要任何特殊的提示,仅仅依靠独特的地形设计,玩家就能在空间要素的引导下快速获取故事背景,到达目标地点。

图 7-30　游戏《塞尔达传说:旷野之息》中的地形引导

**2）其他叙事要素引导**

其他叙事要素,如对象、人物等也是场景引导的重要手段。例如,《辐射 3》中利用可互动的对象及配套的收集系统,来引导玩家探索地图并注意到场景中的叙事细节,并通过与人物对话实现人物的引导。如图 7-31 (a) 所示,玩家可以收到图中电台发出的求救信号,并通过信号声音的强弱来辨别距离信号发生地的远近,最终到达求救信号的发出地点并关闭电台,一直萦绕的声音便会消失。这是利用对象本身,结合听觉上的呈现引导玩家前往发出信号的场景。图 7-31 (b) 则是一个家庭的生活场景,地上的尸骸表明这家人在发出求救信号后并没能等到救援,已经死亡很久了,这就是场景中的线索要传达给玩家的故事,而图 7-31 (a) 中的书本、纯净水都是可以收集的资源,这种资源收集的机制也使得玩家能多留意场景中的细节,从而注意到场景中的叙事线索。

《塞尔达传说:旷野之息》中也存在很多利用人物进行场景引导的事件,人物对话结合空间和对象的引导,为玩家指明了地图探索的方向。如图 7-32 所示的场景就是借

(a) 发出信号的电台和可收集的物资

(b) 一家人的尸骸

图 7-31　游戏《辐射 3》中的对象引导

图 7-32　游戏《塞尔达传说：旷野之息》中的人物对话

由人物的讲述告诉玩家所处地点的名称与历史；同时在已有地形地势的限制下，借由人物对话告诉玩家走出台地需要滑翔帆，借而引导玩家去探索当前地图、搜集宝物来跟老人交换滑翔帆；最后依靠滑翔帆离开台地，前往下一个地图场景。

# 参 考 文 献

郭磊. 2018. 游戏与叙事. 艺术科技, 31(5): 291-292.

闾国年, 俞肇元, 袁林旺, 等. 2018. 地图学的未来是场景学吗? 地球信息科学学报, 20(1): 1-6.

米克·巴尔. 2003. 叙述学: 叙事理论导论. 谭君强译. 北京: 北京师范大学出版社.

王伟楠. 2021. 线性与非线性: 论电影叙事结构的划分. 剧影月报, 3: 9-10.

徐炜泓. 2018. 游戏设计: 深层设计思想与技巧. 北京: 电子工业出版社.

许慎. 2001. 说文解字. 北京: 九州出版社.

张山竞. 2010. 故事与话语: 广告文本的叙事学分析. 广州: 暨南大学.

Boroditsky L. 2000. Metaphoric Structuring: Understanding Time through Spatial Metaphors. Cognition, 75(1): 1-28.

Crampton J. 2005. The Power of Maps. // Paul Cloke , Philip Crang , Mark Goodwin ,et al. Introducing Human Geographies (Second Edition). London：Hodder Education, 192-202.

Fernandez-Vara C. 2011. Game Spaces Speak Volumes: Indexical Storytelling. // Digital Games Research Association Conference. Digital Games Research Association.

Genette G, Lewin J E, Culler J D. 1980. Narrative discourse: an essay in method. Comparative Literature, 32: 413.

Gentner D, Imai M. 1992. Is the future always ahead? Evidence for system-mappings in understanding space-time metaphors. The Forteenth Annual Meeting of the Cognitive Science Society. Hillsdale, NJ.

Göbel S, de Carvalho Rodrigues A, Mehm F, et al. 2009. Narrative game-based learning objects for story-based digital educational games. Narrative, 14: 16.

Host M I. 2009. Final Fantasy X and Video Game Narrative: Re-Imagining the Quest Story. Cleveland: Cleveland State University.

Lakoff G , Johnson M . 1980. Metaphors We Live By. Ethics, 19(2): 426-435.

Lammes S. 2008. Spatial Regimes of the Digital Playground: Cultural Functions of Spatial Practices in Computer Games. Space and Culture, 11(3): 260-272.

Mcglone M S, Harding J L. 1998. Back(or Forward?)to the Future: The Role of Perspective in Temporal Language Comprehension. Journal of Experimental Psychology Learning Memory & Cognition, 24(5): 1211-1223.

Neville D. 2015. The story in the mind: The effect of 3D gameplay on the structuring of written L2 narratives. ReCALL, 27(1): 21-37.

Todorov T, Weinstein A A. 1969. Structural Analysis of Narrative. Novel: A Forum on Fiction, 3: 70.

Turner M. 1996. The literary mind: The origins of thought and language. London: Oxford University Press.

# 第8章 游戏地图的文化传播功能

如今，游戏产业已经成为全球的重要娱乐产业，其自身是一种文化现象，被称作为"第九艺术"。游戏在技术、经济、美学、社会和文化方面都很重要，它是我们了解文化必须关注的媒介（Jenkins，2002）。地图作为游戏中呈现虚拟世界和体现游戏背景的重要元素，它不仅可以为玩家提供探索和互动的场景，还为特定文化、历史和地理背景的呈现和再现提供了平台。谭其骧先生曾说："历史好比演剧，地理就是舞台，如果找不到舞台，哪里看得到戏剧！"不论是传统文化还是历史知识，都依托于地理。传统文化元素蕴藏在游戏背景、游戏世界观中，随着玩家的交互，渐渐转移到游戏中的社会空间和玩家的意识中。地理、文化与游戏的结合即为游戏地图。可以说，游戏地图是文化传播的最佳媒介之一，例如采用真实地理位置、建筑和环境的游戏地图能够让玩家掌握更丰富的地理知识和区域文化，蕴藏真实历史背景的游戏地图能让玩家亲身体验历史事件和文化变迁；蕴含传统文化元素的游戏地图则能让玩家更加了解传统文化及体验传统文化的魅力。

## 8.1 从娱乐到文化传播的变身

虚拟世界和多人游戏最大的价值存在于游戏社区中的社会性和人文性。游戏世界的社会性的创造者有两种：一种是游戏的设计者、创造者，他们建构了游戏的世界观并赋予了背景文化，游戏中所叙事的内容往往反映现实中的真实事件或相似情节，从而让人拥有代入感，使玩家能够主动或被动地适应社会环境的变化，同时又超脱现实，就像拥有了第二人生；玩家则是另一种游戏社会的创造者，他们是决定这个游戏社会是否得以焕发生机和持续发展的命脉。游戏社会的完成度关键在于玩家情感投入的多少，而这又与游戏机制紧密关联，促使游戏玩家和游戏设计者相辅相成、相互理解和融会贯通。当玩家对游戏这个虚拟世界投入大量的时间和深刻的感情，并一腔热血地为它奋斗、拼搏，他们会遗憾这个虚拟的世界的不存在性，于是他们会到现实中寻找认同感，将游戏世界的社会扩展到现实，如游戏论坛、贴吧，甚至日常交流。这就形成了一种以游戏为主题的社会文化。这时，玩家就转换了身份，成了另一种意义上"社会"的创造者，将虚拟赋予现实含义，游戏世界也以另一种方式"真实存在"（Montola，2005）。

游戏本身每一地物都可视为文化的实体，它是现代文化的最好携带者和传播者之一。游戏的艺术风格贯穿于游戏主题、故事情节、游戏布局、空间架构及社会性质。游戏地图是游戏艺术风格的具体化，体现于地图用色、场景中地物角色、地图整饰等。根据文化的传播需求、类型和内容，游戏地图的传播功能主要分为以下三个方面：

（1）文物保护。游戏引擎能够构建一个逼真的虚拟环境，其独特的光影纹理处理技术极大地提高了模型的仿真度。利用游戏地图还原数字资产，使与艺术作品有关的艺术性和符号内容的科学性、正确性得以保全，从而实现数字资产的修复与维护。加上WebGIS（网络地理信息系统）技术，能够让更多的人通过互联网接触到文化遗产，了解他们的宗教象征意义，唤起众人对文化遗产和社会知识的保护意识，又促进艺术品和文化的传播和交流（García-León et al.，2019）。如 2019 年 4 月 15 日巴黎圣母院火灾后，就有借鉴《刺客信条：大革命》中的巴黎场景重建巴黎圣母院的说法，虽然多为调侃，但是也从侧面反映了游戏建模的精细和影响力在文物保护方面的潜力。

（2）文化知识的传播。基于科学性、精确性、严谨性和目的性，游戏对于文物保护的直接作用是有限的，它更主要的作用还是在于对文化知识的传播性，这也是游戏地图最有潜力的发展方向。《绘真·妙笔千山》以传世名画《千里江山图》为蓝图，以"青绿山水"这种古老中国画绘技法为主要风格，引用《山海经》《镜花缘》等中国本土古籍志异中的神话传说作故事设计，使得玩家在玩游戏的过程中，很容易在游戏场景和游戏剧情中体会到这种山水风景美和中国传统文化底蕴，从而激发对中国传统文化的兴趣和热爱。

借助网络游戏传播中国传统文化，在游戏世界观中导入中国传统价值取向、道德观，能够让青少年在享受网络游戏的同时，熟知悠悠历史进程、潜移默化地受到中国优秀传统文化的熏陶，让中国传统文化得以更好地传承。

（3）学习训练的场所。游戏在一定程度上是由代码或规则创造、产生惊人的复杂关系，并且形成一种永远保持其新奇性的模式的"虚拟世界"。这种规则制定了世界的秩序并潜在决定了其中"社会"的关系，通过游戏的互动性，玩家自己也参与到这种创造空间秩序的工作中去。游戏过程中，玩家的选择看似由自身意愿引导，实则是在游戏的预定规则下不得已才做出的最佳选择，玩家在潜移默化中遵循游戏的规则行事。如果教育者能充分把握好这一规则，将所想普及的知识和价值观、世界观等变为一种电脑秩序，让玩家在玩游戏的过程中潜移默化地受到秩序的影响，从而可能产生意想不到的效果（马立新，2007）。

## 8.2　透过游戏看历史地理变迁

作为当今最主流和强势的传播媒介之一，游戏承担着传承、演绎甚至再造传统文化元素的责任。文化与网络游戏结合度很大，尤其历史经典故事可以在很大程度上影响和激发玩家的热情。

历史、地理同文化紧密相连。地图作为承载地理信息工具，在表达地理信息的同时能够间接反映与地理紧密相关的历史文化信息。游戏地图既能够反映真实世界映射在游戏空间中的历史文化，又能反映虚拟地理环境自身拥有的独特文化。例如《文明（Sid Meiers Civilization）》系列一方面最突出的特点是：地理影响历史，这与现实文明的发展其实是相符合的。在游戏世界中，从人类文明诞生起，地理就一直在游戏中起到举足轻重的作用，从文明的选址、资源的分配与生产到文明的扩张都有着地理决定论的思想，如战争与防御中前线军营是否有渡河屏障可供防守依托，所以地理位置可以说影响整个文明的进程。另一方面，《文明》系列游戏的真意却是：地理固然重要，但玩家是文明的创造者，能够改变文明进程的，其实是玩家自己。这正是阐述了地图的发展和文化的关系：地图是文明的产物，没有了文明，又何谈地图的发展？只有利用地理位置并随之衍生属于人类自己的文明才能持续和繁荣。

### 8.2.1 游戏地图映射历史文化

历史是一面镜子，历史是最好的老师。游戏设计的背景十分重要，游戏地图讲究统一性，场景和场景中要素的设计与游戏主题、风格紧密相连，而且还要通过场景来渲染主题气氛，所以需要在场景中加入背景文化来表现。历史类电子游戏作为一种在虚拟世界中再现历史的类型，将游戏中包括场景地图在内的各类要素的表达内容与方式限定在历史背景和地理环境中。

当"历史"和"电子游戏"结合在一起时，人们可以通过游戏追溯特定历史文明，与历史的接触更加自由，历史成为一种互动的、身临其境的、具象的体验。历史类电子游戏可以让玩家主动产生探索历史的兴趣和想法，这是其他媒介难以媲美的，毕竟不是每个人都有耐心坐下来听三小时的"俄国革命大讲堂"。游戏研究学者刘梦霏在一次专访中说过："游戏在历史方面的价值，本身不在于对历史的"表现""折射"或者"再现"上。游戏真正的价值，是它能够通过互动来使人"创造""验证"和"认同"。游戏的核心是动作，为了这些动作能产生意义，游戏创造了一个空间，而历史游戏中的动作因此带来玩家对于游戏所述历史时代的基于实践的深刻认识。换言之，游戏可以为我们提供一个细节上虽不完全精确，但却能让我们在某种程度上与时人心灵相通的历史实验室。这是现实中的历史学家只能凭借给予学识的想象做到的；但游戏却能让玩家不局限于想，还可以行动起来"。这方面的范例数不胜数，最具代表性的当数《文明 4》《刺客信条》。《刺客信条》以超高的自由度和精美的画面及巧妙穿插重要的历史人物及历史事件而成为内含欧洲历史的代表性游戏。游戏地图可以通过多方面来重塑历史故事和弘扬历史文化，比如建筑、城市文明、不同国家的文化特征、文学作品和艺术作品等。

1. 建筑文化

　　建筑能够反映出一定地区的地理特征、文化特征、工艺技术发展程度等，现实中富有鲜明特征的建筑可以作为游戏地图灵感来源。实体建筑在游戏地图中的呈现不仅搬运了建筑本身，也将其对应的文化在虚拟空间中进行了隐含的呈现。例如《刺客信条：大革命》以"辐射式缩放"的方法基本上重现了巴黎，尤其是游戏市中心区域基本 1∶1 等比例呈现，而以此为圆心，各种建筑的相对位置还是保持不变。《刺客信条：大革命》中巴黎圣母院在游戏地图中的模拟重建可以说明游戏地图与建筑文化的对应性（图 8-1）。

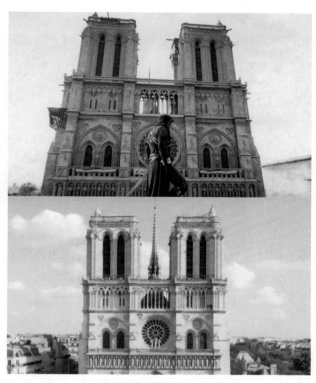

图 8-1　《刺客信条：大革命》巴黎圣母院场景（上）与现实（下）对比图

　　巴黎圣母院在现实世界中坐落于法国巴黎，是世界著名的文化遗产。作为基督教教堂建筑的典范，巴黎圣母院与欧洲历史和欧洲宗教文化密不可分，是法国及欧洲文学文化地标建筑；作为哥特式建筑的代表，巴黎圣母院的美学价值和艺术价值不可估量，凝结着欧洲建筑技术的精华。游戏地图中的巴黎圣母院与现实中的巴黎圣母院都是各自地理环境中的地标级建筑，这少不了文化因素的支持。2019 年，巴黎圣母院发生重大火灾后，出现了借鉴《刺客信条：大革命》中的巴黎场景重建巴黎圣母院的说法，尽管《刺客信条：大革命》最终并没有实际应用到巴黎场景的重建中，但这也从侧面反映了游戏地图在文物保护方面的潜力。

### 2. 城市文化

为了使得游戏地图中的虚拟城市更加逼真，游戏设计师们往往会再现真实世界的地理环境和标志性建筑，在城市地理构建的基础上可以进行城市文化的呈现。例如《刺客信条》系列游戏以历史为基础，不仅讲述了从古希腊到现代各个时期的重要历史事件，还展现了不同时期的城市文化。其中《刺客信条：奥德赛》以公元前431年的古希腊城邦为游戏背景，展现了游戏地图与古希腊城市文化的对应性，如图 8-2 所示，《刺客信条：奥德赛》的游戏背景为公元前431年的古希腊城邦，故其游戏地图与现代希腊地区地图有细微差异。

图 8-2 《刺客信条：奥德赛》古希腊地区游戏地图

文化的形成离不开孵化文化的地理土壤，古希腊独特的地理环境特征决定了古希腊在政治经济文化领域的发展。游戏地图将时间回溯，在虚拟空间中展现出古希腊多山环海、崎岖破碎的地理条件。这样的地理环境带来了自然资源不足的问题，不利于发展农耕经济，却适合发展工商业经济，加强了人与人之间的联系，让古希腊发展出了以人为本的灿烂文明。从文明发展的角度看，古希腊文明促进了欧洲文明的发展，对世界文化也有深远的影响，现代文明的民主自由特征大部分来源于古希腊城邦文化。游戏地图对于古希腊地理环境的呈现，一方面为古希腊文明的保存与传播创造了载体，另一方面再次对古希腊文明形成的地理因素进行了剖析。

### 3. 国家文化

国家是研究历史文化时常用的限制性地理范围，历史文化常常以国家为主体进行区分。中国作为历史悠久的文化大国，有丰富的与地理环境相关的文化资料。本小节以《逆水寒》游戏场景为例说明中国文化在游戏地图中的体现。

"中国风"游戏场景在游戏类别中独树一帜，建筑风格标新立异，它依赖于中国的民族文化，历史背景进行创作，每一个建筑剪影与结构，图腾装饰，以及自然风光都是中华文化的体现（郭佳鑫，2021）。游戏地图可以创建背景架空的虚拟世界，可以把以文字为载体留存在世的历史文化通过可视化的方式在地理场景上展现出来。武侠文化就是一种适宜被可视化表达的文化，游戏世界可以让武侠中的想象转为具象，以场景展现文化。在地图场景中体现中国文化的典型例子就是游戏场景中的"亭台楼阁"等蕴含中国古代文化的建筑和山水树木来表现中国人情感偏好的自然地理景观（图 8-3）。

文化可以从抽象的地理元素中得到体现，如日本的樱花、美国的街头、中国的山水等。《魔兽世界》翡翠林中熊猫人的建筑风格是红墙绿瓦，参考了近代的明清民居，地理环境上也致力于塑造出清幽的氛围，地形险峻多山林且自然植被覆盖多采用竹子（图 8-4）。

图 8-3　《逆水寒》中国文化元素游戏场景图

图 8-4　《魔兽世界》翡翠林游戏场景

虽然地理元素的提取一定程度上是刻板且僵硬的，但是文化在地理符号中的凝结和对于地理元素的二次运用给予了文化更多的传播机会。

## 4. 文化 IP

文学作品和艺术作品往往是一定时期内一定范围内流行的文化的凝聚体。在游戏地图中往往可以看到童话、小说、绘画作品这些文化知识产权（intellectual property，IP）的影子。有的游戏作品本身就立足于某个特定的文化 IP，其游戏地图就是一种对文化 IP

的场景化实体化呈现。不同文化 IP 立足于不同的文化环境,不同文化环境诞生于不同的地理环境,不同文化 IP 蕴含着不同文化圈对于地理的认知,一定程度上反映了相应的地理环境的特点。

作为东亚文化代表的中国文化能够通过文学体现出来。以文学巨著《西游记》为参考衍生了不少游戏作品,其中就有《造梦西游》。

《造梦西游 3》的全局地图与"天"这一场景联系紧密(图 8-5)。全局地图视角由上往下,如同身在九霄之上,并且有云元素来体现高度感。开阔的视角能够将广阔的地域一览而尽,广阔的地域能够容纳丰富的地理环境,反映在游戏地图上就是荒漠、火山、冰山、森林等不同区域。在具体场景的表现上以"九重天"为例(图 8-6):要"大闹天宫"就要先登天,"九重天"地图能够通过建筑来体现文化,通过阶梯来体现玩家整体向上攀登的轨迹。

图 8-5 《造梦西游 3》天庭地图

图 8-6 《造梦西游 3》九重天地图

西方高自由度的社会环境孕育了充满激情的《GTA》系列游戏。GTA 系列是黑帮文化在游戏领域的重要体现，其打造了一个充满罪恶的混乱世界。体现混乱暴力元素就需要游戏地图中街头场景的构建（图 8-7），街头场景偏现代化，是不同于自然地理场景的城市地理环境的表达，城市地理环境相对于自然地理环境具有很强的复杂性，道路场景能够体现出激情感，密集的建筑场景则提供一种拥挤喧嚣的氛围。

图 8-7　《GTA4》街头场景

### 5. 创造性文化

从历史角度出发：地理格局是不断变化的，游戏地图在虚拟空间中可以重现覆灭已久的文明，推演及体验文明的演化过程，进行文明溯源；从现实角度出发：游戏地图通过在虚拟空间中重塑现实地理格局，保存了现实中的历史文化，使用户可以克服现实距离的阻碍来了解文化信息；从未来角度出发：地图的构建与文明的发展紧密相关，游戏地图是体现创造性文化的重要工具。

创新需要想象力与探索精神做支撑。从真实世界角度出发：地球只是宇宙的一小部分，还有更多的未知需要探索，在探索成果没有明确之前，关于真实世界的游戏场景的构建需要借助想象力来实现；从虚拟空间角度出发：虚拟空间是一种新的地理环境；从地理环境与文化的关系来看，新地理环境的演化与发展必然与文明的创造与发展息息相关，故游戏地图作为虚拟世界地理信息的承载者将担负起更重的信息传播责任。

## 8.2.2　游戏地图与真实地理场景的交叉

游戏世界是一种典型的虚拟世界，具有虚拟世界的特点。虚拟世界孕育并脱胎于现实世界，虚拟地理环境和现实地理环境是相互关联、相互影响、相互依存的两个世界（林珲和龚建华，2002）。虚拟地理环境与现实地理环境的相互关系如图 8-8 所示。虚拟地理环境可以分为两类：一部分以现实地理环境作为参考，通过数字化表达、还原性地模拟现实地理环境中存在的地理元素与社会元素。这类虚拟地理环境是现实地理环境在不同的时空背景下的分化和重组，如数字地球、虚拟行星等。另一部分在逻辑上可行但是在现实世界中并不存在可参考的对象。这类虚拟地理环境与现实地理环境基本没有对应关系，是虚拟世界基于自身层面的创造性地理环境。通过分析和对比这两类虚拟地理环境的创建逻辑和表达特点可以发现：虚拟地理环境并不只是现实地理环境的简单映射、镜像、复制或模拟，而是以现实地理环境为基石的一种新的创造。

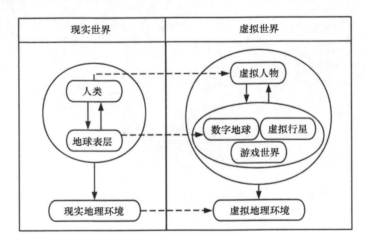

图 8-8　虚拟地理环境与现实地理环境关系图

　　游戏地图作为描述游戏虚拟世界的工具，能够反映虚拟地理场景与真实地理场景之间的复杂关系。根据与真实世界关联性的强弱程度，游戏地图可以分为三类：对真实世界的模拟重建、对真实世界的元素提取和创建独立世界观。此外，在 AR、VR 等技术的加持下，虚拟世界与现实世界的壁垒正在被逐渐打破，还出现了一种虚拟与现实相结合的游戏地图。

### 1. 真实地理场景的模拟重建

　　游戏地图对真实世界进行模拟重建，就是指在游戏虚拟世界中依照真实世界的地理存在逻辑搭建地理场景，在视觉上重现真实的地理世界，实现真实物理世界与虚拟网络世界的交融互通。这类游戏地图的地理信息直接获取源就是真实世界存在的一切事物，游戏中存在的地理事物在现实中均可以找到具体的地理参考，使得游戏世界与真实世界的关联性极高。

　　此类地图的典型实例为《刺客信条》系列游戏地图，研究使用实例研究法与比较研究法来展现其与真实世界的对应性。具体见图 8-9 至图 8-10（图上侧为游戏空间中的地理场景，图下侧为现实世界中的参照原型）。

　　图 8-9（a）对比分析了《刺客信条：大革命》游戏中的地理场景与真实世界中法国

巴黎的街头场景，发现二者在背景房屋建筑、中景园林景观和近景喷泉造型上都呈现出高度一致性，游戏地图的内容可解读为对真实场景在游戏虚拟空间中的重建，重现了 18 世纪的法国巴黎。

图 8-9（b）对比分析了《刺客信条：奥德赛》游戏中的地理场景与真实世界中的希腊建筑旧址，二者在背景与建筑主体方面极为相似。

（a）《刺客信条：大革命》与巴黎　　　　（b）《刺客信条：奥德赛》与希腊

图 8-9　《刺客信条》系列游戏地图（上）与现实世界（下）对比图

除上文所述的对于直接场景的模拟，游戏地图中比例尺相对较小的全局地图与真实世界使用传统地图完成的地理呈现也展现出了强相关性。图 8-10 对比分析了游乐场在《守望先锋（Overwatch）》游戏中的地图呈现和在真实世界中（以北京欢乐谷地为例）的地图表达，可以发现二者在内容方面有高度重叠，在地图结构上也基本一致。二者的高相关性首先源于所表达的地理要素是统一的，游乐场包含的各项设施与游乐场的基本结构是有一定范式的；其次源于游戏地图继承了一部分现实中地图的表达方式，将真实地理场景的制图表述方法在游戏地图中进行了重现，游乐场地图需要突出表达娱乐设施，在地图上采用建筑物夸张的手法进行表达。

以上游戏地图对于地点、场景、事物等要素的命名方式直接继承于现实地理世界，地理构建逻辑也与现实世界相契合。基于对大量真实世界地理数据的分析和对计算机建模与制图技术的使用，此类游戏地图凭借真实到极致的场景模拟实现了一种视觉上令人惊艳的效果。诸如此类的模拟重建可以看作是数字化城市构建的一种实例，通过此种方式在虚拟世界中建立现实世界的分身，可以达成在虚拟世界中直接认识现实的目的。

图 8-10  《守望先锋》游戏地图（上）与北京欢乐谷地图（下）对比图

**2. 真实地理场景的元素提取**

　　如果说游戏地图对真实世界的模拟重建是一次对于真实世界地理数据的搬运，那么游戏地图对于真实世界的元素提取就是对真实世界地理数据进行裁剪之后的二次加工。虽然游戏中存在的地理事物只有一部分可以在现实世界中可以找到参考，但是其与真实世界的关联性依然很强。在模拟真实世界的基础上，此类游戏地图加入了自己的创造与虚构，具有虚实结合、虚实相生的特点。

　　例如，《古墓丽影》系列游戏在地理方面最大的特点就是对于真实世界元素的提取、拼接、叠加、组合与改造。《古墓丽影：地下世界》中墨西哥部分的关卡，真实场景就来自墨西哥东部尤卡坦半岛上的奇琴伊察和乌斯马尔，完成了对于真实世界地理元素的提取；《古墓丽影：崛起》将拜占庭文化融入希腊建筑风格，将现实世界土耳其的卡帕多西亚、伊斯坦布尔、以弗所等真实场景进行拼接和重组，形成了游戏中的叙利亚和西伯利亚荒野。具体见图 8-11 至图 8-13（对比分析时上侧为游戏地图场景，下侧为真实地理元素溯源）。

　　图 8-11 对于《古墓丽影：崛起》的总体游戏地图框架进行抽象与提取，找到了三个中心地图场景（以图片表示）与一条明确的地图主线（以红色箭头与文字标识），确定了其半开放型半限制型的地图属性。其开放性表现为：游戏地图以三个中心场景（西伯利亚冰原、地热山谷与失落之城）为起始点，各个任务场景从中心向外延伸，地图场景在逻辑上呈现为放射状的星形分布；其限制性表现为：从总体游戏主线与单个任务场

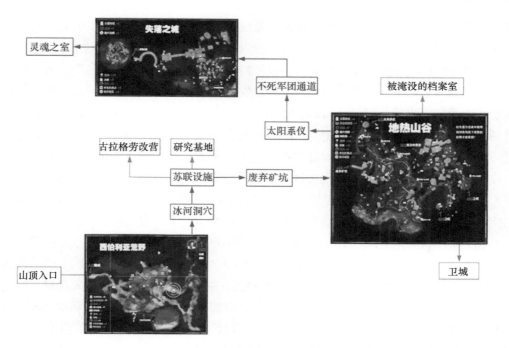

图 8-11　《古墓丽影：崛起》游戏地图轨迹图

图 8-12　《古墓丽影：崛起》地图场景（上）与现实（下）对比图 1

景的角度出发，地图场景的呈现方式依然是线性的，只有在单线上属于前后承接关系的地图场景之间具有强关联性，不同任务线涉及的地图场景之间的关联较弱。

图 8-12 对比分析了《古墓丽影：崛起》游戏中"被淹没的档案室"场景与真实世界中土耳其以弗所的一处图书馆遗迹，可以发现"被淹没的档案室"的建筑主体元素是从现实中提取而来的。游戏地图对于此元素的加工改造有：对元素进行拆解与提取——将图书馆遗迹拆解为柱体与墙面，在游戏地图中重点表达柱体部分；对元素进行改造——游戏地图中建筑的损坏程度更高且加入了损毁后落于地面的部分；对元素在空间中位置进行转移——横向上将现实世界中位于土耳其的建筑转移到虚拟世界的"地热山谷"上方，竖向上将现实中位于地上的建筑在游戏地图中转入地下；表达背景变化——现实中的建筑立于空旷干爽的场景，游戏中的档案馆立于潮湿阴暗的场景。

图 8-13 对比分析了《古墓丽影：崛起》游戏中"冰雪坟墓"场景与真实世界中位于土耳其的圣索菲亚大教堂。此地图场景对于真实世界元素提取并进行应用的方式与图 8-12 所示的实例类似：拆解与提取——将教堂拆解为主体建筑与次要建筑，挑选主体部分进行表达；元素改造——游戏地图中建筑的门窗的形状与数量与现实不同；位置转移——横向上由现实世界中特定的地理位置转移到虚拟世界中与现实没有对应关系的地理位置，竖向上由地上空间转移到地下空间；背景变化——现实中的建筑以沙漠地带为背景，游戏中的坟墓以冰原地带为背景。这些在虚拟世界中对于真实世界元素的操作在新的地理空间中完成了在既有地理空间中无法实现的地理表达。

图 8-13 《古墓丽影：崛起》地图场景（上）与现实（下）对比图 2

　　提取真实世界的元素进行创作本身就是虚拟世界与现实世界的一次交流,同时这可以更容易地让玩家和游戏世界产生某种关联感,加深人物与地点和场景的交流。但游戏又希望通过创建出现实世界中不存在的场景来赋予游戏奇幻、冒险与新鲜的属性,因此游戏地图需要将现实世界中的事物进行剥离、抽象与修改,利用改造后的元素来赋予游戏生命。

　　此类游戏地图与现实世界的对应性减弱了,与现实地理元素的关联以更加隐晦的方式表现出来,同时也抛却了一部分现实世界地理构建的逻辑。相比于在虚拟空间中完全模拟现实空间,此类游戏地图在感官上更符合大众对于虚拟空间的想象和追求,对于地图学的创造性发展具有积极意义。

### 3. 游戏地图独立世界观

　　第三类游戏地图主要基于游戏独特的世界观进行地理创建,与现实世界的联系从直接转为间接。虽然此类游戏地图的虚拟性已经远远超越了现实性,但是虚拟世界的构建基于对于现实既存世界的认识,可以进行现实溯源。

　　《赛博朋克 2077》具有架空的世界观,全方位塑造了一个在一系列战争和恐怖袭击打击下变得两极分化的科技感与混乱感并存的赛博朋克空间,为玩家呈现出三种大相径庭的社会。本小节将以此为例进行游戏地图在独立世界观下的地理呈现研究,具体见图8-14 至图 8-16。

　　图 8-14 对比了《赛博朋克 2077》游戏地图中的"夜之城"场景与现实世界中的日本东京城市夜景。此游戏地图在具象的事物上几乎找不到现实中对应的原型,但在整体地理表达上处处可以看到纽约、洛杉矶、芝加哥、东京、中国香港等世界各国发达城市的影子。通过逻辑分析可得,路网复杂、高楼林立、灯火阑珊等特点一般是科技与经济发展程度较高的城市具有的,故游戏世界中享有"自由邦第一大城市"之称的"夜之城"的地理场景就要通过这些能够体现城市规模和经济发展程度的要素进行构建。

图 8-14 《赛博朋克 2077》地图场景（上）与现实场景（下）对比图

　　此外，值得关注的还有《赛博朋克 2077》的空间塑造效果。赛博朋克空间注重空间的交错感，存在大量的垂直、横向和折叠空间，空间之间的联系错综复杂[①]，如图 8-15 所展示的"夜之城"立体地图。道路是地图表达的要素，是分割空间的屏障也是连接空间的工具。赛博朋克空间是三维复杂空间，交通路网的设计需要突破扁平化的思维，不能只考虑横向的连通性，要横纵兼备、内外连通。故《赛博朋克 2077》设计了完整的交通系统来沟通多种空间，如图 8-16 所展示的"夜之城"地铁路线图。

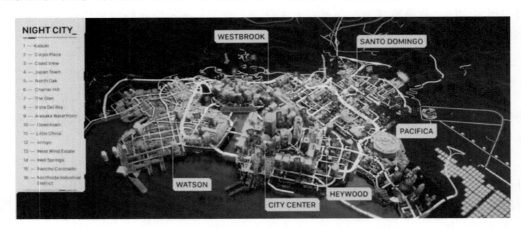

图 8-15　《赛博朋克 2077》"夜之城"立体地图

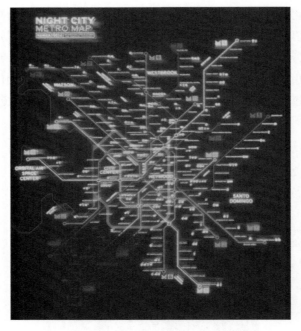

图 8-16　《赛博朋克 2077》"夜之城"地铁路线地图

---

① https://www.gcores.com/articles/133835

赛博朋克概念作为 20 世纪 70 年代美国新浪潮运动的衍生品，反映着疯狂的资本主义与贫富差距极大的不稳定社会。反映在游戏地图场景的构建上，即为不同阶级所属场景的巨大差别。《赛博朋克 2077》中游戏地图的与现实世界地理场景的对应性较为复杂，从虚拟到现实有多层映射关系并且逐层嵌套，但是基于虚拟来源于现实的准则就可以对其进行现实追溯。其游戏地图在空间性上的表达给虚拟世界构建和现代社会城市规划带来新的思考。

**4. 虚拟空间与现实空间结合**

虚拟空间与现实空间结合是一种独特的游戏地图形式，典型实例为 AR 技术的应用，如图 8-17 所呈现的《精灵宝可梦 Go》游戏场景实例。此类游戏地图的场景塑造直接来源于现实世界，游戏地图成了同时容纳真实场景与虚拟场景的工具与平台，具有连接虚拟和现实的桥梁作用。增强现实技术打通了虚拟与现实的壁垒，是虚拟地图的重要发展方向。

图 8-17　《精灵宝可梦 Go》游戏场景图

# 8.3　游戏地图的教育与文化熏陶

电子游戏是传播传统文化、教育青少年最好的途径，要不辜负其"第九艺术"的名号。从某种程度上而言，游戏的文化赋能和教育功能，使得"寓教于乐"不再是一句空洞的表达。正如 GIS 软件开发是在程序开发中加入地理地图的概念，才使得程序开发具备 GIS 的灵魂，游戏行业也需要专业的指导才能走上成功之路，看似无关，其实密切相关。游戏开发需要程序员，GIS 需要地图导航，GIS 专业需要融入背景文化，涉及场景设计，3D 游戏的发展。这是新时代 GIS 的要求，同智慧城市、三维建模联系起来。

### 8.3.1 游戏地图的教育价值

　　谈及电子游戏，我们很难不想到"游戏批评"这个话题。作为伴随着因特网发展成长起来的一代人，我们从很小就被灌输的思想是：要少打电子游戏，多花时间做有意义的事情比如体育锻炼和学习。然而，电子游戏不仅仅只是娱乐的方式，在游戏背景、游戏世界观中时常蕴含着大量的文化、知识。当今电子游戏早已发展成为一个巨大的文化载体，不断地吸引着社会各界的研究者从不同角度对游戏及其教育价值进行深入研究。对游戏理论的研究起源于西欧，从柏拉图、亚里士多德到康德、席勒到皮亚杰和胡伊青加，都对游戏理论和游戏精神进行了深入探讨。然而，对游戏教育价值的研究源于美国著名的游戏设计师、教育专家 Marc Prensky，他认为"游戏是大脑最喜欢的学习方法"，并在 *Digital Game-Based Learning* 中详细地论述了基于数字游戏学习的概念、效果，以及游戏在教育、军事和培训中的应用，指出 21 世纪真正的学习革命在于学习不再伴有"痛苦"。简·麦戈尼格尔（Jane McGonigal）曾在《游戏改变世界：游戏化如何让现实变得更美好》一书中指出：游戏化是互联时代的重要趋势。游戏化将要实现四大目标：更满意的工作、更有把握的成功、更强的社会联系及更宏大的意义。如果人们继续忽视游戏，就会错失良机，失去未来。反之，如果我们可以借助游戏的力量，便可以让生活变得像游戏一样精彩！在《游戏改变世界：游戏化如何让现实变得更美好》一书中，简·麦戈尼格尔旨在告诉我们游戏并非抢夺青少年时间的精神鸦片；相反，游戏具有教育意义，它能全方位地锻炼孩子的大脑。

　　游戏与教育的结合将改变"学习是苦差事"的传统观念，实现"在娱乐中学习、在学习中娱乐"的理想状态（芦姗，2009）。正如英国教育学家斯宾塞所说"人在快乐的时候，学习任何东西都比较容易"。游戏在人类活动中扮演着重要的角色，是人类建立知识和技能的最自然方式。我们在苦背地貌术语和人文概念之外，也有着通过游戏来理解地理理论的崭新道路。因此，游戏在某种程度上可以不断地向外界传达它的教育价值和文化传播价值。游戏的教育功能可以让游戏成为青少年打开进入学习传统文化的钥匙，了解古代文明，知晓古代风俗风貌，从而进行更深入的传统文化的学习，从这个角度来说，游戏成为连接现代文明和古代世界的一座桥梁。然而，当游戏与地理教育相结合时，通过有趣的游戏，我们可以了解世界各国、首都、国旗、大陆、岛屿、海洋等。总的来说，这类游戏最大的特点是不以娱乐为目的，而是以应用为目的。

　　游戏地图作为游戏背景的体现方式和游戏空间的表达方式，也蕴含着教育价值。例如，游戏地图是由代码和算法规则构造而成，可以利用学生对游戏地图的兴趣，培养学生制图和编程的能力。游戏地图的结构分为社会空间、虚拟空间、现实空间。这样的结构特点也决定了游戏的交互性，尤其是互联网的出现使得交互性大大加强，从而使得游戏具有多样化的表达方式。玩家不但可以通过游戏地图与游戏本身的内容交互，而且可以以游戏地图为媒介与其他的用户交互。利用游戏地图的交互性，游戏甚至可以充当教学工具，让教师可以利用游戏与学生交互，不仅能够最大限度地提升学生接受知识的能力，而且可以使学生充分感受到游戏地图当中的文化。游戏地图通过可视化技术交代故事发生的时间、地点和背景，体现社会动向与历史形势，以视觉、听觉等感觉方式与场景交互，通过虚拟化、仿真等方式或艺术化手法将之提升为风格夸张、情节紧凑、主题突出、时空交错的场景，不仅可以让玩家获得某种特有的无法替代的身临其境的感觉，而且可以利用该技术。例如《文明》系列游戏以人类文明的历史进程为背景，讲述了不同文明的故事，玩家可以参与各个时期的重要历史事件。另外，每个文明的建筑、天文、地理、文化、伟人、奇观、科技和宗教等都反映了不同的历史时期和文化背景，玩家通过游戏可以了解到丰富的世界历史知识，生动地观察到各个文明的文化面貌，切身地体验到各个文明发展的历程。例如，玩家可以在地图上看到埃及金字塔、希腊神庙、中国长城等标志性建筑物，这些都与历史背景相呼应。

### 8.3.2　严肃游戏

1970 年，Abt（1970）提出"严肃游戏（serious game）"的概念："我们关心严肃游戏，是因为这些游戏具有明确且经过深思熟虑的教育目的，并不仅用于娱乐"。严肃游戏是电子游戏的一种，最初被定义为"以应用为目的的游戏"，具体来讲，是以教授知识技巧、提供专业训练和模拟为主要内容的游戏。这类游戏不以娱乐为主要目的，而是希望让用户在游戏过程中能够学习知识、得到训练或者治疗（Michael and Chen，2005）。严肃游戏自 20 世纪 80 年代诞生以来，已经广泛应用于军事、医学、工业、教育、科研、培训等诸多领域，在建构现实或非现实的学习情境、激发学习者参与度方面被认为具有很大优势，其作用得到了经验学习（experiential learning）、主动学习（active learning）和情境学习（situated learning）等教育理论的支持（张子涵，2022）。

1. 教育和知识传递

前面提到过游戏地图具有互动性，这一特征使得严肃游戏可以以互动和娱乐的方式向玩家传达知识和信息。游戏大师 Chris Crawford 在 *The Art of Computer Game Design* 中提到：游戏是最古老和历史最悠久的教育工具，玩游戏对于任何能够学习的生物来说都具有重要的教育功能，玩游戏的最基本动机是学习。游戏主要从三个方面传递学习：认知、情感和精神。玩与学在某种意义上是一对矛盾体，有着既对立又统一的关系，它们在一定的条件下相互转化（魏迎梅，2011）。

严肃游戏将学习、沟通和信息方面与游戏结合起来，在教学上使学生产生更强的记忆力，比传统的教学方法有更好的学习效果。严肃游戏的目的不仅仅是娱乐，更是帮助玩家学习、发展和巩固特定技能，提高解决问题的能力。严肃游戏可以用作工具，既可以提高玩家用户的相关专业技能，也可以传播与游戏密切相关的知识。如 IBM 公司在 Impact 2010 会议中推出了一款严肃网游作品《CityOne》实景游戏，玩家需要在游戏中扮演各种角色，这些角色生存在一个虚拟的星际城市中，平时需要完成的各种任务涉及能源、水资源等环境问题的解决，会要求玩家去实现实时水管理系统或者智能电网系统，还有真实社会中非常重要的金融、零售业务，可能会让玩家去发放小额贷款、运营移动支付系统等。《CityOne》可以学习 IBM 公司的各种新技术，以及技术对城市公共服务、对商业运营所带来的深刻影响，可以清晰直观地了解如何构建一个智慧的城市，以解决现实中的环境问题。

由微软开发的"微软模拟飞行"也是严肃游戏的代表，玩家可在游戏中体验飞行员的视角，该游戏内储存了来自必应地图的海量地理数据，包括 DEM 高程数据、城市的 3D 模型数据和卫星航拍数据。有了这些数据作为基础，"微软模拟飞行"可以确保数据的准确性。除此之外，"微软模拟飞行"的游戏开发者还采用了基于 Azure 服务器的人工智能模块来探测，建造补充缺失的建筑物，以此达到提高航拍照片的准确度和质量的目的。这也是严肃游戏与 3D 空间建模蓬勃发展的一大有力例证。

除此之外，严肃游戏在军事上可以用于模拟地形、战略战术要点，熟悉各种作战技巧，锻炼武器使用的精确度、培养兵士等，同实战相比具有激发士兵训练热情、节省训练经费、提高士兵安全性的优势。如美国军方将严肃游戏作为培训制度的一部分，其资助开发多款严肃游戏用于招募新兵，如《美国陆军（United States Army）》《全能战士（Full Spectrum Warrior）》等，全方位训练士兵技能。

## 2. 文化和历史传承

进入 21 世纪以来，文化和历史传承也成为严肃游戏的主要应用领域之一。严肃游戏更强调社会效应与公益性（王清丽，2010），通过严肃游戏的方式传播文化和弘扬历史有助于吸引广大民众的参与，并增强其对传统文化和历史的理解与体验。例如游戏《永不孤单（Never Alone）》是一款传播阿拉斯加传统文化的严肃游戏，它成功地将游戏机制和纪录片相结合，通过讲故事的方式向玩家介绍了"因纽特人"的民族传统、社区文化和人文历史。真正让这个游戏有了文化传递作用的是随着游戏进度收集而解锁的 24 个"文化洞察"短片，这些长度基本都在一分钟左右的小短片几乎涵盖了游戏中会出现的所有道具、人物、场景和背景的介绍。例如，在短片中通过当地老人的回忆，我们可以了解到"因纽特人"会将北极狐作为宠物饲养，这是一种忠诚而又调皮的小动物，会在危险来临时保护他们。这种在游戏过程中穿插纪录片的方式十分新颖，短片非常详尽地介绍了他们的文化、饮食、流传的民间传说和他们所信奉的神灵。借助这种方式，《永不孤单》成功地让世人注意到这样一个离群索居的古老民族，也让大家了解到他们是如何世代坚守在那里及他们有着怎样的信仰（图 8-18）。

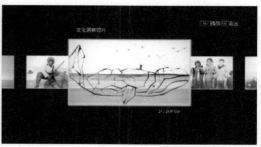

图 8-18　《永不孤单》游戏截图

左图为玩家扮演的小女孩和北极狐，右图为游戏过程中收集的"文化洞察"短片

# 参 考 文 献

郭佳鑫. 2021. 中国风游戏场景中唐代建筑风格的应用研究. 武汉: 武汉理工大学.

林珲, 龚建华. 2002. 论虚拟地理环境. 测绘学报, 31(1): 1-6.

芦姗. 2009. 简述历史教育类小游戏"信差快跑"设计方案. 电脑知识与技术, 5(25): 7240-7241.

马立新. 2007. 论网络游戏的本体特征. 山东师范大学学报(人文社会科学版), 4: 10-14.

王清丽. 2010. 说严肃游戏的设计策略. 湖北经济学院学报(人文社会科学版), 7(10): 143-144, 167.

魏迎梅. 2011. 严肃游戏在教育中的应用与挑战. 电化教育研究, 4: 88-90.

张子涵. 2022. 面向文化遗产学习的严肃游戏——基于参与机制的讨论. 装饰, 5: 94-97.

Abt C C. 1970. Serious Games: the Art and Science of Games that Simulate Life. Simulation&Gaming, 1(4): 435-437.

García-León J, Sánchez-Allegue P, Peña-Velasco C, et al. 2019. Interactive Dissemination of the 3D Model of a Baroque Altarpiece: A Pipeline from Digital Survey to Game Engines. Scientific Research and Information Technology, 8(2): 59-76.

Jenkins H. 2002. Interactive Audiences? The Collective Intelligence of Media Fans. The New Media Book, 157-170.

Lammes S. 2008. Spatial Regimes of the Digital Playground: Cultural Functions of Spatial Practices in Computer Games. Space and Culture, 11(3): 260-272.

Michael D R, Chen S L. 2005. Serious games: Games that educate, train, and inform. New York: Muska & Lipman/ Premier-Trade.

Montola M. 2005. Exploring the Edge of the Magic Circle: Defining Pervasive Games. Copenhagen: Digital Arts and Culture Conference.

Shih J L, Chuang C W, Tseng J J, et al. 2010. Designing a role-play game for learning Taiwan history and geography. Kaohsiung: Third IEEE International Conference on Digital Game and Intelligent Toy Enhanced Learning.